AB SEITE 92

Das „Dorfquartett“ entdecken

S. 94
Rauch- und Mehlschwalbe

S. 98
Star

S. 100
Grünfink

S. 102
Grünspecht

AB SEITE 104

Das „Felder-& Wiesenquartett“ entdecken

S. 106
Feldlerche

S. 108
Goldammer

S. 110
Mäusebussard

S. 112
Turmfalke

AB SEITE 114

Das „Fluss-& Seequartett“ entdecken

S. 116
Pirol

S. 118
Sumpfrohr-
sänger

S. 120
Eisvogel

S. 122
Bläss- und Teichhuhn

AB SEITE 126

Das „Waldquartett“ entdecken

S. 128
Tannenmeise

S. 130
Kleiber

S. 132
Zaunkönig

S. 134
Schwarzspecht

@DERVOGELPHILIPP
PHILIPP HERRMANN

Vögel bestimmen mit den Ohren

DER ULTIMATIVE VOGELSTIMMEN-GUIDE: BUCH UND APP FÜR SICHERES ERKENNEN

KOSMOS

INHALT

KOSMOS PLUS

Das kostenlose Extra:
Die App KOSMOS-PLUS
Anleitung auf der Umschlagklappe hinten

HIER FING ALLES AN:

In den niederbayerischen Fichtenwäldern entdeckte ich meine Liebe zu den Vogelstimmen.

Vogelstimmen entdecken

Servus, ich bin der Vogelphilipp und ich möchte dich mit diesem Buch in die Welt der Vogelstimmen entführen. Seit über 30 Jahren sind sie aus meinem Leben nicht mehr wegzudenken und begleiten mich tagtäglich zu jeder Tages- und Nachtzeit.

Vogelstimmen erfüllen mein Herz mit Freude und sind zentraler Bestandteil meiner Erinnerungen: Der Amselgesang in der Reihenhaussiedlung meiner Großeltern in meiner Kindheit, der Ziegenmelker 1998 auf dem Campingplatz auf Elba oder die Mauersegler und Nachtigallen während der Studienzeit in Bernburg Mitte der 2000er Jahre. Parallel zum Hormonspiegel der gefiederten Nachbarn steigt jedes Frühjahr mit den ersten Sonnenstrahlen nach dunklen, grauen Wintertagen auch meine Lust, wieder rauszugehen und die Natur zu entdecken. Der frühlingshafte Gesang, der seit jeher die Menschen begeistert, spornt mich immer wieder aufs Neue an.

VOGELSTIMMEN TUN GUT

Vogelstimmen gehören zu den beliebtesten Geräuschen überhaupt, sie wirken stressabbauend und steigern das Wohlbefinden. Daher sind sie fester Bestandteil von Meditations- und Entspannungsmusik. Was wäre Waldbaden ohne Vogelstimmen?
Meist wird das wohlklingende Konzert als „Gesamtkunstwerk" wahrgenommen und nur selten in Arten unterschieden.
Für Vogelstimmenkennerinnen und -kenner ist das anders. Ein „Gesamtkunstwerk" ist nur noch selten zu hören – sofort ist man auf der Bestimmungsebene und im Kopf wird auseinandersortiert: Da vorne singt das Rotkehlchen, oben die Amsel und da hinten die Blaumeise.
Mit diesem Buch möchte ich dich mitnehmen in die spannende Welt der Vogelstimmenkunde und dir den Schlüssel für das Verborgene an die Hand geben.
Mit Fernglas, Vogelbuch, App und etwas Geduld kannst du dir deinen Weg in diese Welt bahnen und auf Entdeckungstour gehen.

**„Es singt und piepst
ganz allerliebst,
zipp, zipp, zipp, zipp, tirili,
sich seine Abendmelodie,
steckt's Köpfchen dann
ins Federkleid
und schlummert bis zur
Morgenzeit."**

aus „Das Rotkehlchen"
von Wilhelm Busch

DA SCHMETTERT DER ZAUNKÖNIG.

Einer unserer kleinsten Vögel ist zugleich einer der lautesten. Besonders sympathisch ist der beim Singen hoch gestellte und vor Anstrengung wackelnde Schwanz. 111

Auswahl der Arten

Das vorliegende Buch ist für alle gedacht, die sich für unsere gefiederten Nachbarn begeistern und schon immer ihre Stimmen lernen wollten. Es soll zum genauen Hinhören und Unterscheiden anleiten. Perfekt für den nächsten Frühlingsspaziergang.

Die Auswahl der Arten stammt aus meiner langjährigen Erfahrung als Exkursionsleiter und vor allem aus den Ergebnissen der Vogelstimmenhotline, über die mir seit dem Jahr 2016 Vogelbegeisterte via WhatsApp ihre Vogelstimmen schicken können. Durch dieses wunderbare Projekt habe ich erfahren, welche Geräusche naturbegeisterte Menschen draußen wahrnehmen.

„DIE WILDEN 13"

Im Jahr 2019 habe ich meine Masterarbeit über die Vogelstimmenhotline geschrieben und die Zusammensetzungen der Arten in verschiedenen Städten ausgewertet. Daraus habe ich die am häufigsten wahrgenommenen Arten gefiltert und „Die wilden 13" zusammengestellt. Wer diese 13 Vogelstimmen erkennt, hat schon mal einen soliden Grundstock, auf dem man aufbauen kann. Außerdem stelle ich dir noch „Allerweltsarten" vor, die dir bestimmt bekannt und z. T. auch sehr weit verbreitet sind.

„LEBENSRAUMQUARTETTE"

Im weiteren Verlauf des Artenteils sind 22 Arten in fünf „Lebensraumquartette" aufgeteilt. Die häufigsten Arten der Hauptlebensräume in unserer Landschaft ermöglichen es, beim Lernen der Vogelstimmen kleine Schritte zu machen. Das ist wichtig, um Erfolgserlebnisse zu haben. Die Stimmen von vier Arten kannst du dir vor einem Spaziergang in den jeweiligen Lebensraum immer wieder anhören und versuchen, mindestens eine der Arten zu finden und am Gesang zu bestimmen.
Da ich häufig Vogelstimmen aus dem Urlaub geschickt bekomme, habe ich noch ein paar Stimmen typischer Urlaubsarten zusammengestellt.

HÖRBAR

Die Stimmen der jeweiligen Art und meine Videos dazu kannst du über Eingabe der Nummerncodes aus den Artsteckbriefen in die App „KOSMOS PLUS" anhören. Auf der hinteren Umschlagklappe wird erklärt, wie das mit der App genau funktioniert. Es empfiehlt sich, vor dem Durchlesen des jeweiligen Arttextes die Stimme anzuhören, um den Gesang im Ohr zu haben.

Viel Spaß!

Der Einstieg in die Vogelstimmen

Das Vogelstimmenkonzert zunächst als Ganzes wahrzunehmen und zunehmend einzelne Arten herauszuerkennen, das ist das Ziel. Erfolgserlebnisse sind der beste Motivator zum Weitermachen.

Deshalb darfst du dich zu Beginn nicht verrückt machen. Vogelstimmenwanderungen von Naturschutzverbänden eignen sich sehr gut, um in die Welt der Vogelstimmen einzutauchen. Wer schon mal an so einem Spaziergang teilgenommen hat, weiß, dass es schnell zu viel werden kann, wenn man versucht, sich alles auf einmal zu merken. Vogelstimmen sind sehr komplex und es empfiehlt sich, kleine Schritte zu machen. So kannst du dir etwa vornehmen, dir pro Exkursion nur eine bis maximal drei Vogelstimmen einzuprägen. Wenn du es schaffst, in der darauffolgenden Zeit diese Arten im Gelände auf eigene Faust wiederzuerkennen, bist du auf einem guten Weg.

MEIN TIPP

Tschip Tschip, piep piep oder kjeck kjeck? Jeder hört Vogelstimmen anders. Wie singt der Vogel aus deiner Sicht? Schreib es für dich auf.

SCHWERPUNKT FRÜHLING

Bis auf wenige Ausnahmen wird in diesem Buch nur auf Reviergesänge eingegangen, die bei uns hauptsächlich zwischen März und Juli zu hören sind. Außerhalb dieser Zeit sind viele Vögel zwar aktiv, äußern aber nur noch verschiedene Rufe und keine Gesänge mehr. Daher ist es empfehlenswert, wenn du im zeitigen Frühjahr mit dem „Stimmenfang" beginnst und dir die ersten Arten aneignest.
Gesänge variieren untereinander, sie sind teilweise von regionalen Dialekten geprägt. Es ist durchaus möglich, dass der Vogel vor einem nicht ganz genauso singt wie der, der unter dem App-Code zu finden ist.

2

1

3

4

1 Gehe spazieren, halte inne, lausche dem Vogelkonzert und versuche, einzelne Gesänge aus dem „Brei" herauszuhören.

2 Frage dich: Wie viele Vögel singen hier eigentlich gleichzeitig um mich herum?

3 Sängersuche: Finde den Vogel, indem du versuchst, die Quelle des Gesanges zu orten und den Bereich mit dem Fernglas abzusuchen.

4 Nimm den singenden Vogel, hier eine Tannenmeise 104, mit dem Fernglas ins Visier und beobachte ihn dabei.

Dein erster Beobachtungsspot

Zu Beginn ist es gut, wenn du dir ein Beobachtungsgebiet in der Nähe suchst, vielleicht einen kleinen Park, einen Waldrand oder eine Obstwiese. Hier bist du immer schnell vor Ort und kannst den überschaubaren Bereich erkunden.

Als Jugendlicher hatte ich im nächstgelegenen Wald meinen Lieblingsplatz an einem kleinen Bächlein. Dort hatte ich Vogelkästen aufgehängt und verbrachte viel Zeit mit dem Beobachten der Tierwelt. Die Sumpfmeisen balzten und bauten ihr Nest in meinem Kasten, ein Kleiber (siehe unten) verklebte den Eingang eines anderen Kastens, die Gebirgsstelze suchte am Bachufer ihre Nahrung. Mein kleines Paradies.

LOCAL PATCH

Es ist sehr spannend, so einen Platz zu haben, an dem du das Jahr über beobachten kannst. Das kann auch dein eigener Garten, ein Schrebergarten oder der nächstgelegene Stadtpark sein, in dem du regelmäßig spazieren gehst. Hier lernst du die Unterschiede in der Aktivität der Vögel im Laufe der Jahreszeiten kennen und entdeckst immer wieder Neues in einer gewohnten Umgebung. Außerdem kannst du, wenn du regelmäßig die Arten und Anzahl von Individuen notierst, Veränderungen feststellen und herausfinden, welche Arten verschwinden und welche neu dazukommen.

Wie es sich entwickeln kann

Ich erinnere mich gut an einen Vortrag von Siegfried Klaus auf einer Vogeltagung. Er stellte dort seine 40-jährige Untersuchung von Auer-, Birk- und Haselhühnern in Böhmen vor. Der Thüringer Spezialist für Raufußhühner, also für Auerhahn & Co., ist sowohl vor als auch nach der Wende immer wieder an den gleichen Ort im Böhmer Wald gefahren, um Urlaub zu machen. Über 40 Jahre hat er dort lückenlos die Bestände der drei Arten erfasst. Ein Datensatz mit enormer Bedeutung für den Naturschutz und ein Beispiel, welchen Beitrag man mit der regelmäßigen Erfassung an seinem Lieblingsplatz leisten kann.

ES GIBT VIEL ZU ENTDECKEN.

In Mischwäldern und großen Parks kannst du beim Joggen, Gassigehen oder einfach nur beim Spazieren auf einer Route, die du regelmäßig gehst, viele Vögel beobachten und den Jahresverlauf spüren.

VÖGEL IM FOKUS

Das Fernglas ist das wichtigste Werkzeug zum Vögelbeobachten. Aus nächster Nähe kannst du damit Merkmale und Verhalten eines Vogels genau betrachten. Hier machen das meine beiden Töchter beim Familienausflug zum Echinger Stausee in der Nähe von Landshut.

Die Ausrüstung

Du brauchst eigentlich nur sehr wenige Dinge, um loslegen zu können: ein Fernglas und ein gutes Bestimmungsbuch. Hilfreich sind außerdem dein Smartphone mit der App „KOSMOS PLUS" und natürlich dieser Ratgeber.

Total unkompliziert und entspannend: Lass dich einfach auf die Vögel ein. Du kannst jederzeit loslegen, beim nächsten Spaziergang oder der Gassirunde, im Urlaub oder direkt zu Hause – Fenster auf, rausschauen und eintauchen!

FERNGLAS

Apropos Tauchen: Was für die Taucher die Sauerstoffflasche ist, ist für Vogelbeobachter das Fernglas. Es ist essenziell, um Vögel aus nächster Nähe beobachten und studieren zu können.
Der erste Blick durch ein gutes Fernglas ist wie ein Tor zu einer neuen Welt. Das konzentrierte Fokussieren eines Vogels macht es möglich, sich voll und ganz auf ihn einzulassen. Auch für das Erlernen der Vogelstimmen ist es unerlässlich, da sich die Stimme viel besser einprägt, wenn man den Vogel beim Singen auch sieht und beobachtet.
Bei der Suche nach dem für dich passenden Fernglas werden dir Zahlen begegnen wie zum Beispiel 8 × 32, 10 × 25 oder 10 × 42. Die erste Zahl gibt die Vergrößerung an, also hier 8- bzw. 10-fach. Die zweite Zahl bezieht sich auf den Objektivdurchmesser. Ferngläser mit größerer Vergrößerung musst du ruhiger halten, kommst aber auch „näher ran". Umso größer der Durchmesser, desto besser kannst du auch bei schlechtem Licht beobachten, aber desto schwerer ist auch das Glas. Probiere einfach aus, was für dich passt, welches Preis-Leistungs-Verhältnis dir zusagt und mit welchem du gut klarkommst.

BESTIMMUNGSBUCH

Zur Bestimmung der Vögel ist ein Vogelbestimmungsbuch essenziell. Um dich selbst nicht zu überfordern, solltest du dir ein Buch über heimische Vögel in Mitteleuropa besorgen. Erst im nächsten Schritt wäre das Bestimmungsbuch für alle Arten Europas geeignet. Meine persönlichen Buchempfehlungen findest du hinten im Serviceteil auf Seite 138.

NOTIZBUCH UND SMARTPHONE

Ein kleines Exkursionsbüchlein für Notizen unterwegs solltest du dir auch unbedingt zulegen. Darin kannst du schnell deine Beobachtungen und vielleicht auch die ein oder andere Eselsbrücke eintragen oder sogar eine Skizze machen.
Die Vogelstimmen und Erklärvideos dazu gibt es in Verbindung mit diesem Buch auf der App „KOSMOS PLUS". Sehr zu empfehlen ist zudem die App „Der Kosmos-Vogelführer".

Digitale Helfer

Das Smartphone mausert sich zu einem der wichtigsten Helfer bei der Naturbeobachtung. „Digiscoping", Fotos mit dem Smartphone durch das Fernrohr, die Bestimmung von Bildern und Stimmen per App und die elektronische Bestimmungsliteratur sind längst Standard geworden. Hier nun ein paar Tipps, wie du die Technik optimal einsetzen kannst.

Bestimmungsliteratur wie den Kosmos-Vogelführer gibt es inzwischen auch in digitaler Form als App, inklusive Vogelstimmen und einem sehr intuitiven Bestimmungsschlüssel, mit dem du schnell bei der gesuchten Art landest. Gegenüber CDs ermöglicht die App, Reviergesang und etwaige Warnrufe separat abzuspielen.
Des Weiteren empfehle ich dir, dir eine Recorder-App auf dem Smartphone zu installieren, mit der du spontan Vogelstimmen aufnehmen kannst, um eine unbekannte Stimme zu dokumentieren und später nachhören zu können.

KÜNSTLICHE INTELLIGENZ

Inzwischen ist es zudem möglich, direkt durch Apps die Vogelstimmen bestimmen zu lassen. „Merlin Bird ID" und „BirdNET" sind die beliebtesten Anwendungen in diesem Bereich und bestimmen mit künstlicher Intelligenz (KI) ziemlich zuverlässig. „Merlin Bird ID" zeigt sogar mehrere, gleichzeitig singende Arten an und hinterlegt farbig, wer gerade singt. Je nach Nebengeräuschen und Anzahl parallel singender Vogelarten, ist die KI-Bestimmung mal besser, mal schlechter. Diese Technik kann gut zur Bestimmung herangezogen werden, zum nachhaltigen Lernen brauchst du aber immer noch den Blick durchs Fernglas und die Beobachtung des Verhaltens.

COMMUNITY

Gemeinsam macht es mehr Spaß! Mit Apps wie „iNaturalist" und „ObsIdentify" kann man Challenges und Competitions als Gruppe durchführen und gemeinsam Beobachtungen sammeln. In iNaturalist kann man zudem einer großen Community beitreten und eigene Beobachtungen eintragen und bestätigen lassen und auch Beobachtungen anderer verifizieren. Gerade bei jungen Artenkennern wie den Hochschulgruppen der NAJU (Naturschutzjugend im LBV Bayern) sind sie beliebt. Mit Gleichgesinnten können bestimmte Gebiete definiert und gemeinsam die dort vorkommenden Vogelarten kartiert werden.

1

2

DIE MISCHUNG MACHT´S!

Ein Kombination aus analog und digital bietet dieses Buch in Kombination mit den zugehörigen Audio- und Videodateien der App „KOSMOS-PLUS". Meine Vogelstimmenhotline bietet gegenüber „Merlin BirdID" noch eine menschliche Note. Spannende Neuigkeiten aus der Vogelwelt erfahrt ihr zudem über meinen WhatsApp-Kanal. Schickt #Vogelkunde an meine Nummer 01 51 / 29 06 86 00.

1 Den Kosmos-Vogelführer als App auf dem Smartphone zu haben, ist für unterwegs sehr praktisch.

2 Vogelstimmen mit KI bestimmen: Die Apps „Merlin Bird ID" und „BirdNET" können das schon ziemlich gut.

DIE VOGELSTIMMENHOTLINE

Im Jahr 2016 hatte ich eine besondere Idee: Vogelstimmen bestimmen über WhatsApp. Meine Frau kommunizierte damals häufig schon per Sprachnachricht über den Messengerdienst. Ich war da noch eher unbedarft, dachte aber, dass es ein Weg sein könnte, Vogelstimmen aufzunehmen und zu verschicken.

Viele Jahre leitete ich bis dato ehrenamtlich jährlich mehrere Vogelstimmenwanderungen für den örtlichen BUND Naturschutz, und seit ein paar Jahren bot ich Führungen als Gebietsbetreuer an. Mir fiel damals auf, dass Teilnehmerinnen und Teilnehmer der Exkursionen in erster Linie wissen wollten, was bei ihnen zu Hause im Garten sang. In der Vogelstimmenhotline sah ich dafür die Lösung: Damit konnte ich erfahren, was die Menschen draußen am meisten wahrnehmen.

Gesagt, getan. In einem gemeinsamen Projekt als Gebietsbetreuer in Zusammenarbeit mit dem BUND Naturschutz Landshut erstellte ich kleine Tafeln für den Stadtpark, auf denen stand, wie meine „Vogelstimmenhotline" funktionieren sollte (Bild Seite 59).

Der Probelauf verlief sehr gut und es nahmen gleich im ersten Jahr über 200 Personen teil. Die darauffolgenden Jahre führte ich das Projekt sehr erfolgreich gemeinsam mit dem BUND Naturschutz bayernweit durch. Nach sieben Jahren waren es insgesamt über 6.500 Teilnehmer, von denen mir jährlich etwa 2.000 Personen im April Vogelstimmen aus ihrer Umgebung schickten.

Es ist mein Herzensprojekt und es bescherte mir nicht nur meine Masterarbeit sondern auch eine Menge sehr schöner persönlicher Erfahrungen im direkten Austausch mit Vogelstimmeninteressierten. Die am häufigsten eingeschickten Arten sind gleichzeitig die häufigsten Arten in Deutschland: Amsel, Buchfink und Kohlmeise. Die Mönchsgrasmücke ist ebenfalls sehr häufig vertreten und landete auf Platz 4. In der Stunde der Gartenvögel des NABU wird sie aufgrund ihrer versteckten Lebensweise und ihrer unbekannten Stimme nur sehr selten gemeldet. Spannend finde ich zudem, wie oft die Stimme des Pirols wahrgenommen wird. Die seltenste Art, die mir geschickt wurde, war eine balzende Doppelschnepfe am Ammersee, die dort wohl kurz auf dem Zug in den Norden zwischengelandet ist.

Aus dem Fundus der Vogelstimmenhotline resultieren „die wilden 13", es sind die 13 häufigsten Arten, die mir im Laufe der Jahre zugeschickt wurden, das heißt, sie werden am häufigsten draußen wahrgenommen. In diesem Buch möchte ich dir vermitteln, wie du unter anderem ihre Stimmen lernen kannst.

1

1 Die Amsel ist ganz vorne dabei, wenn uns Vogelstimmen bewusst auffallen. 029

2 Wer singt in deinem Garten? Schick mir deine Aufnahme per WhatsApp an 0151 / 29 06 86 00.

2

1

1 Der Gesang des winzigen Sommergoldhähnchens ist ein sehr hohes „Sisisisisisi", das immer lauter und höher wird. 001

2 Der Uhu ruft bekanntlich seinen Namen, es klingt aber eher wie ein tiefes und dumpfes „Uhuu", „Huuu" oder „Huhuuu". 002

2

Die Vielfalt der Rufe und Gesänge

Die Vielfalt der Vogelstimmen ist quasi unbegrenzt. Vom hohen „Sisisisisisi" des Sommergoldhähnchens bis zum tiefen, dunklen „Uhuu" des Uhus ist alles dabei.

GESÄNGE

Die Gesänge der Singvögel sind zum Teil sehr komplex, haben meist verschiedene Strophen und Varianten. Es gibt wirkliche Künstler, wie die Nachtigall oder die Rohrsänger, und Arten, die weniger reichhaltige Gesänge von sich geben, wie zum Beispiel die Rabenvögel. Der Gesang bei Singvögeln ist in unterschiedlichem Maße angeboren. Manche müssen den Gesang vollständig erlernen, bei anderen Arten singen isoliert aufgezogene Tiere so gut wie die Artgenossen in freier Landschaft.

Der Reviergesang

Er wird in der Regel von den Männchen in der Brutzeit vorgetragen. Sie präsentieren sich an mehreren Plätzen im Revier, den Singwarten, um einerseits Rivalen zu signalisieren: „Hey hier ist mein Revier. – Keinen Schritt weiter!", und andererseits, um den Weibchen zu imponieren. So weit zumindest die bisherige Annahme.
Aktuelle Studien zeigen, dass der Gesang der Weibchen bisher extrem unterschätzt wurde. Bei vielen Arten singen sowohl Weibchen als auch Männchen. Weiblicher Gesang ist bei 64 % aller Singvögel bekannt, auch wenn er in einigen Regionen weniger erforscht ist. Weibchen singen oft ähnlich wie Männchen, aber es gibt auch Unterschiede. Dem Thema muss noch intensiver nachgegangen werden, stand es doch aufgrund der von Männern dominierten Forscherszene und konservativer Anschauungen bisher leider immer im Hintergrund.
In diesem Buch gehe ich vor allem auf die Reviergesänge ein, die hauptsächlich zwischen Februar und August zu hören sind.

Dialekte

Ein faszinierendes Phänomen bei Vogelgesängen sind Dialekte. Sie entwickeln sich durch räumliche Trennungen. Genau wie auch beim Menschen gibt es so bei einigen Vogelarten regionale Unterschiede in ihrem Gesang.
Goldammer, Ortolan, Gartenbaumläufer, Zaunkönig und Buchfink: Das ist eine Auswahl an heimischen Arten, bei denen Dialekte bekannt sind.

Diese Arten lernen alle ihren Gesang als Jungvogel von Vorbildern, meist vom Vater, der in der Nähe singt. Dies geschieht häufig nur nach der Nestphase, im ersten Sommer. Danach ist die Lernphase vorbei und ihre Strophe vollendet.

Der Buchfink

Er ist der „Musterknabe“, wenn es um die Dialekte geht. Bei ihm können sich die Dialekte sogar nach Lebensraum unterscheiden. Sein Gesang besteht aus dem Schlag und dem Endschnörkel. Den zweiten Teil mit dem Schnörkel lernen sie im Frühjahr von den Nachbarsmännchen. Die Klangfarbe, die Reihenfolge und die Dauer des Gesangs werden vererbt. Gibt es Teile, die gerne von anderen Buchfinken angenommen und weitergesungen werden, kann sich daraus eine Tradition und damit ein Dialekt bilden.

Die Goldammer

In dem weltweiten Citizen Science Projekt „Yellowhammer dialects“ zu den Gesangsdialekten der Goldammer wurden knapp 10.000 Aufnahmen aus 28 Ländern ausgewertet. Ihre Hauptverbreitung liegt in Europa, allerdings wurde sie im 19. Jahrhundert in Neuseeland eingeführt, sodass sich dort eine eigenständige Population gegründet hat. Im gesamten Projektgebiet konnten insgesamt 16 verschiedene Dialekte in unterschiedlich großen Regionen festgestellt werden. Sie alle werden auf der Homepage www.yellowhammers.net vorgestellt.

1

2

1 Der Buchfink ist der Meister der Dialekte. Sein Gesang ist regional unterschiedlich. 051

2 Insgesamt 16 verschiedene Dialekte singt die Goldammer in Europa. 090

3

3 Der Ortolan (= Gartenammer) singt ebenfalls regional unterschiedlich. 003

4 Auf den Gartenbaumläufer ist Verlass, seine Dialekte unterscheiden sich nur wenig. 067

4

FLUGRUFE, FLUGGERÄUSCHE UND WARNRUFE

Jede Vogelart hat neben ihrem Reviergesang noch zahlreiche arttypische Lautäußerungen wie Flugrufe, Zugrufe und Warnrufe. Alle Rufe haben verschiedene Bedeutungen und werden – wie ihre Namen verraten – in unterschiedlichen Situationen geäußert.

Außerhalb der Brutzeit, wenn der Reviergesang verstummt, sind die verschiedenen Rufe die einzigen akustischen Signale der Vögel. Einige davon sind häufig zu hören und leicht zu lernen.

Fluggeräusche

Höckerschwan oder Straßentaube haben ganz markante Fluggeräusche und unterstützen damit die optische Erkennung. Beim Höckerschwan hörst du manchmal zuerst das Fluggeräusch, bevor der Vogel zu sehen ist. Da Schwäne meist als Paar oder Familie unterwegs sind, hört man das rhythmische „wiee, wiee, wiee, wiee" der Flügel gleichzeitig, synchron von mehreren Vögeln. Das Fluggeräusch der Schwäne ist sogar so laut, dass man es schon lange hört, bevor man die Vögel überhaupt sehen kann. Bei den Eulen hört man überhaupt nichts, denn ihre Federn sind mit einem feinen Saum ausgestattet, sodass sie kaum messbare Fluggeräusche von sich geben. So hören sie ihre Beute nachts im Flug und können sie perfekt anvisieren.

Flugrufe

Das Klingeln der Heckenbraunelle, das scharfe „Zig" der Singdrossel, das Trompeten der Kraniche oder das raue „Kroah" von hunderten fliegenden Saatkrähen: alles Flugrufe, die vor allem im Herbst, aber auch im Frühjahr zur Zugzeit zu hören sind.

Während viele Großvögel wie Störche oder Greifvögel tagsüber ziehen und die Thermik nutzen, sind Kleinvögel wie Rotkehlchen und Drosseln

1

2

1 „Trrrrt!“ Mit einem kurzen Schnarren schimpft der Zaunkönig, wenn Gefahr lauert. 110

2 Der Höckerschwan hat das lauteste Fluggeräusch in unseren Breiten. 004

nachts unterwegs nach Süden. Dann sind die Flugrufe das Einzige, das man von den Vögeln wahrnimmt.
In den frühen Morgenstunden zwischen September und November kannst du das meiste Zuggeschehen von Kleinvögeln beobachten. An Meerengen und Gebirgspässen konzentrieren sich die Schwärme, im Flachland fliegen sie in einer breiten Front rüber. Finken, Drosseln, Tauben, Meisen und viele andere ziehen bei uns von Nordosten nach Südwesten und erfüllen den Himmel mit ihren Rufen.

Warnrufe

Wie der Name sagt, warnen diese Rufe Artgenossen, Partner und die Jungen im Nest vor bestimmten Ereignissen. Am bekanntesten dürften die Warnrufe der Amsel sein, sie sind im Frühjahr allgegenwärtig, werden aber meist nicht als diese erkannt. Die Amsel ruft ein hohes „Ziiiiiieeee“ bei Gefahr aus der Luft, zum Beispiel durch Greifvögel. Das manchmal sehr lang tönende „Tick tick tick tick“ stößt sie bei Gefahr vom Boden aus, beispielsweise, wenn eine Katze in Nestnähe vorbeischleicht. Ein anderer, sehr präsenter Warnruf ist das „Tschek tscheck“ der Warnruf der Mönchsgrasmücke. Er klingt, als würde man zwei Kiselsteine aufeinanderklopfen.
Manche Warnrufe funktionieren auch artübergreifend. Das hohe „Zieeee“ der Amsel verstehen auch die Meisen und das Rotkehlchen und geben die Warnung weiter.

4

3

5

MEIN TIPP

Wenn du dich für den Vogelzug begeisterst und wissen möchtest, wer nachts übers Haus zieht, kannst du dir das Projekt „NocMig“ ansehen. Hier kannst du mit dem Handy oder speziellen Aufnahmegeräten den nächtlichen Vogelzug erfassen (siehe Seite 138).

3 Mit einem hohen „Zieeeh“ 027 warnt die Amsel vor einem Angriff aus der Luft, mit „tick, tick, tick“ 028 bei Gefahr vom Boden, z. B. wenn sich eine Katze nähert.

4 Das kurze „Zig“, der Flugruf der Singdrossel, ist tagsüber und nachts zu hören, vor allem im Herbst. 032

5 Der Eichelhäher, bekannt als „Alarmanlage“ des Waldes, warnt laut hörbar vor Gefahr. Andere Tiere haben gelernt, seinen Ruf als Warnung zu verstehen. 005

Aktivität im Tageslauf

Wann stehen die Vögel auf? Wann gehen sie ins Bett? Was machen sie eigentlich den ganzen Tag? Fest steht: Fliegen ist energieaufwändig. Daher müssen sich Vögel vor allem um die Nahrungssuche kümmern.

Fest steht, die Aktivität der Vögel ist eng mit Tageslicht, Temperatur und Jahreszeit verbunden. Die meisten Vögel werden mit der Morgendämmerung aktiv und beginnen pünktlich zur Abenddämmerung mit der Nachtruhe.
Bei den Eulen ist es genau andersherum. Sie stellen mit der Morgendämmerung ihre Aktivität ein. Verallgemeinern kann man nur schwer, da es auch tag- und nachtaktive Vögel wie den Steinkauz, die Nachtigall oder den Sumpfrohrsänger gibt.
Die Nahrungssuche nimmt bei allen Arten die meiste Zeit in Anspruch. In der Fortpflanzungszeit kommen der Nestbau, die Brut und die Nahrungssuche für den Nachwuchs noch obendrauf. Außerhalb der Brutzeit steht bei manchen Arten der Zug vom oder ins Winterquartier an. Einige tagaktive Arten stellen ihren Rhythmus um und ziehen nachts nach Süden, wie z.B. die Singdrossel.

DIE VOGELUHR

Die verschiedenen Arten beginnen ihren Gesang am Morgen zu einer festen Uhrzeit, die hauptsächlich vom Helligkeitswert vor Sonnenaufgang abhängt. Du kannst dann quasi die Uhr danach stellen, wann eine Art anfängt zu singen. Die Arten starten dann mit einer unterschiedlichen Anzahl von Minuten vor Sonnenaufgang. Der Gartenrotschwanz ist zum Beispiel einer der ersten.
Die Männchen singen intensiv in der Morgendämmerung, denn dann ist das Licht noch zu schlecht, um auf Nahrungssuche zu gehen. Freie Zeit fürs Morgenkonzert!
Natürlich verschiebt sich die genaue Uhrzeit mit dem Sonnenaufgang. Und der Sonnenaufgang ist natürlich je nach Breitengrad unterschiedlich und daher nicht überall im Land zur gleichen Zeit. Außerdem haben auch Witterung, Helligkeit, Temperatur und andere Störungen Auswirkungen auf den Gesangsbeginn.
Damit ist die Vogeluhr das bekannteste Modell zur Aktivitätszeit. Sie stellt aber nur schematisch die Gesangsaktivität der Männchen zur Balzzeit dar. Sie zeigt einen optimalen Zeitpunkt im Jahr, zu der der Reviergesang auf einem Höhepunkt ist, etwa im April und Mai. Die Zusammenstellung der Arten erfolgt unabhängig von Lebensraum und Jahreszeit und betrifft nur den Beginn der Gesangsaktivität.

Eine Darstellung der Vogeluhr: Sie zeigt, wann welche Singvogelarten am Morgen mit dem Gesang beginnen. Früh aufstehen lohnt sich!

Der Gartenrotschwanz 006 beginnt schon etwa eine Stunde und 20 Minuten vor Sonnenaufgang mit seinem Morgengesang. Das wäre zum Beispiel am 20. Mai in Frankfurt um ca. 04:00 Uhr, in Flensburg am gleichen Tag 25 Minuten früher und in Freiburg 12 Minuten später.

MEIN TIPP

Je nachdem, in welchem Lebensraum du dich gerade befindest, kommt es vor, dass du zu Gesangsbeginn einer Vogelart wirklich nur den Gesang dieser einen Art hörst. Das ist wirklich sehr beeindruckend und einprägsam. Es lohnt sich also, mal ganz früh aufzustehen. Am besten schließt du dich einer Führung an. War die Leitung der Exkursion am Tag zuvor bereits zur gleichen Zeit dort, kann sie sehr genau den Gesangsbeginn voraussagen.

1

MEIN TIPP

Schau mal unter: *www.eurobirdportal.org*. Dort ist die Jahresaktivität einiger Vogelarten visuell sehr schön dargestellt.

2

1 Das Rotkehlchen im Garten ist nicht immer dasselbe. Manche bleiben bei uns, andere ziehen weg.

2 Der Seidenschwanz ist ein „Invasionsvogel“, der nur in sehr kalten Wintern aus dem Norden zu uns kommt. 007

3 Jungvögel, hier junge Haussperlinge, kannst du gut an den noch gelben Schnabelwinkeln erkennen.

3

Aktivität im Jahreslauf

Die Aktivität heimischer Vögel verändert sich stark im Laufe des Jahres. Tageslängen, Temperatur und der Hormonhaushalt spielen hier die Hauptrollen.

WINTER

In der kalten Jahreszeit sind die Aktivitäten stark reduziert. Die Priorität liegt auf der Nahrungsaufnahme und der Suche nach Schutz, wodurch uns die Natur insgesamt ruhiger vorkommt. Wird es kalt, plustern sie sich auf und sind gut geschützt durch ihr Daunenkleid. Unsere Zugvogelarten sind im Winterquartier im Mittelmeerraum oder Afrika, die Ganzjahresvögel ziehen in der Region umher. Wenige Arten haben im Winter feste Reviere. Das Rotkehlchen ist eine der Ausnahmen, sowohl Weibchen, als auch Männchen besetzen Nahrungsreviere, singen zur Abgrenzung und verteidigen das Revier gegen Artgenossen.
Die Wintergäste aus dem hohen Norden sind meist in Trupps unterwegs und schlafen in Schlafgemeinschaften. Beispiele dafür sind Nonnengänse, Blässgänse, Lachmöwen oder auch Saatkrähen, die gemeinsam mit Dohlen umherziehen.

FRÜHLING

Jetzt erwacht die Vogelwelt zu neuem Leben, ziemlich genau um die Wintersonnenwende, also um den 22. Dezember, merkst du, dass die Aktivitäten ansteigen. Die steigenden Temperaturen und längeren Tage signalisieren den Beginn der Fortpflanzungszeit.
Die Zeit der Reviergesänge beginnt Anfang Februar mit den Rufen der Eulen und endet mit dem Flöten des Pirols im Mai. Es ist die energieintensivste Zeit für die heimischen Vögel mit Revierverteidigung, Nestbau, Eiproduktion und der Aufzucht der Jungen.

SOMMER

Im Sommer sind die Jungen aus dem Gröbsten raus und sie ziehen mit den Eltern in Familienverbänden umher. Bei manchen Arten setzt bereits der Rückzug ins Winterquartier ein. Mauersegler und Pirol sind die kürzeste Zeit bei uns, sie kommen im Mai und ziehen im August schon wieder gen Süden.

HERBST

Wird es herbstlich, ziehen Massen an Vögeln aus den nördlichen Breiten mit ihrem Nachwuchs wieder nach Süden, zu uns oder über uns hinweg. Da die Insekten langsam verschwinden, stürzen sich viele Arten auf das reichhaltige Nahrungsangebot beerentragender Sträucher.

URLAUB AM MITTELMEER

Vögel beobachten im Urlaub ist eine tolle Sache. Diese vier Arten verbinde ich mit Urlaub am Mittelmeer. Ihre Stimmen werden mir auch über die Vogelstimmenhotline von dort regelmäßig zugesendet. Habt ihr sie auch schon gehört oder gesehen?

Die Oster- und die Pfingstferien sind beliebte Reisezeiten und der Mittelmeerraum ein beliebtes Urlaubsziel. Eine perfekte Gelegenheit zum Vögelbeobachten. Einfach dein Fernglas schnappen und die Umgebung erkunden. In der Siedlung, im Park oder bei einer kleinen Wanderung gibt es viel zu entdecken.

Ich habe mir früher immer ellenlange Listen aus dem Vogelbuch herausgeschrieben, was laut Verbreitungskarte alles am jeweiligen Urlaubsort vorkommen könnte. Im Portal https://www.birdingplaces.eu/de kannst du erkunden, welche Beobachtungsspots sich in der Nähe deines Urlaubsortes befinden. Aber das muss gar nicht sein. Schau mal, ob du mindestens eine dieser vier Arten in deinem Urlaub entdeckst!

GIRLITZ

Ein kleiner, gelber Vogel, der immer, auch in der Mittagshitze, oben auf Antennen oder Baumspitzen sitzt und einen Gesang hat, der sich nach einer rostigen Fahrradkette anhört. Er ist wie der Stieglitz (siehe Seite 84–85) in Südeuropa allgegenwärtig.

NACHTIGALL

Ein anschwellendes „Dü düü düüü düüüü" und dann entladend „Tschigatt tschigatt tschigatt": Der volle und laute Gesang der Nachtigall begleitet die Abendspaziergänge durch mediterrane Dörfer und Städte. Diese Art ist sowohl nacht- als auch tagaktiv und sitzt irgendwo in ein bis drei Metern Höhe im Gebüsch und ist nicht zu sehen, aber dafür sehr gut zu hören.

ZWERGOHREULE

Wird es Nacht, fängt die Zwergohreule an zu rufen. Europas zweitkleinste Eule ist in den ländlichen Regionen vertreten, tritt aber auch in vielen Städten auf. Sie ist nicht zu sehen und macht mit einem gepfiffenen, hohen „Tjuut – [Pause] – tjuuut" auf sich aufmerksam. Man sagt ihr nach, sie klänge wie eine Alarmanlage.

WIEDEHOPF

Den Wiedehopf mit seiner markanten Haube hast du bestimmt schon mal auf einem Bild gesehen. Sein charakteristischer Ruf „hup-hup-hup" ist im Mittelmeerraum häufig zu hören. Entdecken kannst du den Wiedehopf am besten, wenn er im Boden nach Insekten stochert. Seine Haube hat er meistens angelegt.

Beim Urlaub am Mittelmeer gibt es auch tolle Vogelarten zu entdecken.

Der Girlitz sitzt gerne auf Antennen oder Leitungen. Singt er im Flug, bewegt er seine Flügel langsamer und wirkt wie eine Fledermaus. 008

Der kraftvolle Gesang der Nachtigall ist tagsüber und nachts aus dichten Gebüschen und Hecken zu hören. 009

Die Zwergohreule ist so gut wie nie zu sehen, aber nicht zu überhören. 010

Der Wiedehopf ist tagsüber am Mittelmeer häufig zu hören: ein dreifaches „Hup hup hup". 011

Vogelstimmen lernen im Jahreslauf

Der Wechsel der Jahreszeiten bestimmt das Vogeljahr. Jede Jahreszeit hat ihren Charme und hält für uns alle etwas bereit. Es ist keineswegs so, dass nur der Frühling etwas zu bieten hat. Was kann ich nun wann beobachten?

IM WINTER

Der Winter ist die Zeit der Eulen, Spechte und der Vögel am Futterhaus. Am Futterhaus tummeln sich Meisen, Amseln, Kleiber, Türkentauben und hier und da Buntspechte oder Grünfinken. Achte beim Waldspaziergang gezielt auf die ersten Sänger. Zaunkönig und Rotkehlchen singen im Winter und der Buchfink „schlägt" ab Anfang Februar. Uhu und Waldkauz rufen ab Dezember in der Abenddämmerung und die Spechte trommeln bei milden Temperaturen schon ab Januar.

IM FRÜHLING

Der Frühling ist die Hauptsaison für das Erlernen der Vogelstimmen. Nacheinander kommen die Arten aus ihrem Winterquartier zurück und bis Anfang Mai füllt sich das morgendliche Orchester mit immer mehr Sängern. Hier darfst du dich nicht überfordern, versuche dir nach und nach „Die wilden 13" (siehe Seite 46) einzuprägen und aus dem Konzert herauszuhören. Es sind die häufigsten Arten, die Mitte März schon alle aktiv sind. Du kannst sie mit großer Sicherheit in deiner näheren Umgebung antreffen und dir einprägen.

IM SOMMER

Mit Sommerbeginn Ende Juni lässt die Intensität des Vogelkonzertes merklich nach. Vielerorts wird es richtig ruhig, besonders in den heißen Mittags- und Nachmittagsstunden. Immer mehr Familienverbände mit halbwüchsigen Jungen hüpfen herum. Vor allem Meisenjunge sind überall zu hören. Der Pirol tönt noch aus dem Auwald und am Seeufer mit Schilfbestand singen noch ein paar Rohrsänger, ansonsten ist bis auf morgendlichen Amselgesang und das „Leiern" der Mönchsgrasmücke (siehe Seite 64) ziemlich tote Hose.

IM HERBST

Ein frühmorgendlicher Septemberspaziergang auf die nächste Anhöhe hält möglicherweise eine kleine Überraschung bereit. Einfach mal eine halbe Stunde auf einem Punkt mit Weitblick verweilen und beobachten, ob sich irgendetwas tut. Der herbstliche Vogelzug ist im Gange und mit etwas Glück kannst du kleine Vogelschwärme beobachten, die nach Südwesten ziehen. Häufig überfliegende Arten sind Buchfinken, Amseln, Wacholderdrosseln und Feldlerchen. Höre dir von diesen Arten mal die Flugrufe an.

1

2

1 Wenn der Buntspecht an der Futterstelle auftaucht, hat er schnell einen ganzen Knödel verputzt.

2 Junge Meisen, wie diese Kohlmeise, sind meist zu Sommerbeginn flügge und streifen dann mit ihren Eltern im Familienverband umher.

DAS „HUUUU HUHUHUHUUU" DES WALDKAUZES

Film und Fernsehen lieben seinen Ruf und setzen ihn gezielt ein, um den Gruselfaktor zu erhöhen. 012

Ganzjahressänger im Winter

Vogelarten, die das ganze Jahr über zu hören sind, eignen sich besonders gut für das Vogelstimmenlernen. Mit ihnen kannst du die lange Winterpause überbrücken und verhindern, dass du im Frühjahr wieder ganz von vorne anfangen musst.

EULEN

Dringt ein tiefes, lautes „UHUUUU" durch die Abenddämmerung, ruft der Uhu. Bis zu einem Kilometer Entfernung ist sein Balzruf ab Dezember zu hören. Das hellere „Huuuu huhuhuhuuu" vom Waldkauzmännchen setzt erst später am Abend ein, wenn es schon lang dunkel ist. Ab und zu antwortet das Weibchen mit „kuwitt". An langen Grillabenden im Juni hört man häufig die hohen Bettellaute von jungen Waldohreulen und Waldkäuzen.

SPECHTE

Der Winter ist auch die Zeit der Spechte. Bei milden Temperaturen setzt das Trommeln der Spechte schon im Januar ein. Der Buntspecht ist einer der ersten und auch der kürzeste Trommler, denn er trommelt nur eine Sekunde lang. Etwas später beginnt der Schwarzspecht mit dem längsten und lautesten Trommler, der drei bis fünf Sekunden lang ist. Es folgen das „Lachen" des Grünspechts und das „Quäken" des Mittelspechts. Erst ab Mitte März ist dann auch der Kleinspecht zu hören. Er trommelt hell und schnell, im Schnitt zwei bis drei Sekunden lang.

ROTKEHLCHEN

Das Rotkehlchen ist das Musterbeispiel einer Art mit ganzjährigem Reviergesang. Zur Brutzeit wird das Brutrevier vom Männchen für die Familie abgegrenzt. Im Winter singen sowohl Weibchen als auch Männchen, um ihr winterliches Nahrungsrevier für ihren Singlehaushalt abzugrenzen.

GARTENBAUMLÄUFER

Der Gartenbaumläufer singt zwischen Februar und Juni anschwellend „di di di di di didirüdididiii". Er hat wenig Variation in seinem Gesang und klingt daher fast immer gleich. Das „Di di di di" macht er das ganze Jahr über. Wer sich diese Reihung und den Klang des „di" einprägt, kann ihn häufig hören.

ZAUNKÖNIG

Auch im Winter schmettert der Zaunkönig ab und zu sein Lied. Er ist das ganze Jahr in seinem Revier unterwegs. Zwischen Asthaufen und Wurzeltellern singt er ab und an seinen Reviergesang, nicht so ausgeprägt wie im Frühling, aber trotzdem voller Energie. Manchmal rutscht ihm sein Kontaktruf, ein kurzes, gepresstes „Trrrrrrt", heraus.

Im Frühling geht es richtig ab

Es ist März und „Die wilden 13“ sind schon komplett da. Das Rotkehlchen hat uns freundlicherweise mit seinem Gesang den Winter überbrückt, sodass wir dranbleiben konnten an den Stimmen. Der Buntspecht hat schon im Januar begonnen zu trommeln, und der erste Buchfink „schlägt“ seit Februar.

Wie jedes Jahr schwillt ab Mitte März die Gesangskulisse richtig an und gipfelt im Mai. Wenn neben den Standvögeln auch noch alle heimischen Zugvögel aus dem Süden zurück sind, ist das Orchester komplett.

FRÜHLINGSERWACHEN

Ich notiere mir jährlich, wann der erste Buchfink schlägt (etwa Anfang Februar), im März der erste Zilpzalp zwitschert (etwa Anfang März) und die erste Mönchsgrasmücke pfeift (etwa Mitte März). Dieses Frühlingserwachen live mitzubekommen, ist für mich sehr erfüllend. Wenn du es schaffst, im März nur eine Handvoll Vogelgesänge zu lernen, wird es dir leichter fallen, durch das Stimmengewirr im Mai durchzusteigen.

GARTENLISTE

Im Garten tut sich mehr als man denkt. Wenn du wissen möchtest, wie viele Arten genau im Jahresverlauf zu beobachten sind, solltest du eine Gartenliste führen. Je natürlicher der Garten und je mehr wilde Ecken, desto länger die Liste. Je nach Motivation kannst du zusätzlich eine Liste deiner Laufroute oder vom Weg zur Arbeit führen.

HILFEN

Wer es bisher noch nicht gemacht hat, sollte sich unbedingt Anfang März einen Nistkasten in den Garten oder auf den Balkon hängen. Hier kannst du viele Verhaltensweisen beobachten und den Gesang studieren.
Achte darauf, dass die Nistkästen auch wirklich was taugen. Selber bauen aus rauem, ungefähr 2 cm starkem Naturholz ist da auf jeden Fall eine günstige Alternative. Wichtig ist: Die Grundfläche sollte ca. 12 mal 12 cm groß sein. Das Einflugloch sollte mindestens 17 cm vom Boden des Kastens entfernt sein, damit Nesträuber nicht drankommen.
Eine Vogeltränke ist zur Beobachtung ebenfalls sehr gut geeignet. Achte bei Nistkästen, Futterstellen und Vogeltränken immer darauf, dass sie katzensicher angebracht sind.

1

2

1 „Bitte bitte bring mir ein würzig Bier!" Das schmettert der Buchfink bereits Anfang Februar als einer der ersten Sänger. 051

2 Blaumeisen nehmen Nistkästen sehr gerne an.

3 Die Vogeltränke ist eine willkommene Abkühlung für diese Amsel an heißen Tagen. Achte darauf, dass sie vor Katzen sicher ist.

Infobox Nistkasten

Vollhöhle Der Einfluglochdurchmesser bestimmt, wer später einziehen kann:

- 2,6 bis 2,8 cm für Blaumeise, Tannenmeise
- 3,2 bis 3,6 cm für Kleiber, Kohlmeise, Haus- und Feldsperling
- 4,5 bis 5,0 cm für den Star (Kasten dann deutlich größer, Grundfläche mind. 14 × 14 cm)
- 4,8 cm × 3,2 cm (hochoval) für Gartenrotschwanz

Halbhöhle (halboffene Vorderwand) für Hausrotschwanz, Rotkehlchen und Grauschnäpper

3

IHR KLÄGLICHES „TIEEEE“ SCHALLT DURCH DIE SOMMERNACHT.

Diese jungen Waldohreulen können zwar noch nicht fliegen. Sie sind aber schon aus dem Nest ausgezogen, klettern herum und schreien, damit sie von ihren Eltern gefüttert werden. 013

Sommerloch in Sachen Vogelstimmen?

Ende Juni, Anfang Juli wird es ziemlich ruhig. Im Morgengrauen singen noch einige Arten, die aber nach kurzer Gesangseinlage wieder verstummen. Tagsüber singt hier und da noch eine Amsel, ein Stieglitz oder ein Zilpzalp.

Aber das bedeutet nicht, dass im Sommer nichts los ist. Dir werden Stimmen stärker auffallen, weil es insgesamt viel ruhiger geworden ist. Für richtige „Sommertöne" möchte ich dich hier sensibilisieren.

WALDOHREULENKINDER

„Tiiiieeeeee" [längere Pause] „tiiiiieeeee" tönt es in regelmäßigen Abständen herzzerreißend und kläglich durch die laue Sommernacht. Junge Waldohreulen sitzen im nächsten Park, Friedhof oder am Waldrand. Am Abend kannst du sie noch im Licht ausmachen, wenn du dem Klagen folgst. Die jungen Eulen haben das Nest verlassen, können noch nicht fliegen und sind nun als „Ästlinge" auf den umliegenden Bäumen unterwegs. Mehrere Wochen schreien sie, damit sie nachts von den Eltern gefunden werden.

„LEIERNDE" MÖNCHSGRASMÜCKEN

Mönchsgrasmücken fangen an zu „leiern". Dabei wird der Reviergesang stark vereinfacht, der erste Teil des Gesanges größtenteils weggelassen und der zweite Teil durch ein anhaltendes „Düle-düle-düle-düle" ersetzt. Dieser Gesang ist bis in den August zu jeder Tageszeit zu hören. Er wird nicht häufig geäußert und poppt immer sehr plötzlich und überraschend auf. Ein Gesangsphänomen, dessen Hintergrund bisher noch nicht geklärt ist.

MAUERSEGLERBEOBACHTUNGEN

Besonders auffallend sind jetzt die Mauersegler, die in kleinen Trupps mit lautem „Sriiiii sriiiii sriiiii" die Häuserschluchten der Städte entlangjagen. Sie zeigen, wo ihre Brutplätze sind und sie nächstes Jahr wieder brüten werden. Dabei umkreisen sie die Häuser mit den Brutnischen und fliegen als Trupp immer wieder die Stelle am Dach an, die für sie interessant ist. Anfang August verstummen sie plötzlich, denn sie ziehen auf einen Schlag alle gemeinsam nach Süden.

MEIN TIPP

Gebäudebrüter sind schützenswert. Informiere dich bei einem regionalen Naturschutzverband, was du an deinem Haus für sie tun kannst. Wohnst du in einem mehrstöckigen Mietshaus, kannst du anregen, oben am Gebäude Nistkästen für Mauersegler anbringen zu lassen.

Herbstlicher Vogelzug

Wenn du an einem frühen Herbstmorgen dein Dachfenster öffnest, auf den Balkon gehst oder einen kleinen Spaziergang machst, kannst du mit etwas Glück am Himmel zahlreiche Vögel sehen und ihre Rufe hören.

So gibt es etwa das ganz kurze „Zig" von der Singdrossel, das trockene „Dürrt ... dürrt" von der überfliegenden Feldlerche oder das lang gezogene „Srrriit" von der Amsel. All das sind die Zugrufe heimischer Singvögel, die in den Süden ziehen.

ZEIT DES VOGELZUGS

Anfang September bis Ende Oktober ist Hauptzugzeit und in den drei Stunden nach Sonnenaufgang gibt es die meisten Flugbewegungen. Viele Arten wie Drosseln, Finken, Schwalben und Lerchen fliegen breitflächig über die Landschaft und man kann sie praktisch überall beobachten. Mancherorts orientieren sich die Vögel auch an der Landschaft und ziehen durch ein Bergtal oder entlang von Flüssen.

MEERESENGEN UND MASSENZUG

Absolut beeindruckend sind Meeresengen im Herbst: Bosporus, Gibraltar oder Falsterbo in Südschweden. An diesen Stellen konzentriert sich der Vogelzug und tausende Bussarde, Adler, Störche, Schwalben und viele andere Arten ziehen von einem Kontinent zum nächsten.

Bei besonders günstiger Witterung gibt es auch bei uns sogenannte „Massenzugtage", an denen tausende Buchfinken, Bergfinken, Drosseln und Ringeltauben unterwegs sein können.

FORMATIONEN

Am auffälligsten sind die großen Vögel wie Kraniche und Gänse, die sich laut schreiend ankündigen und in Pfeilformation gemächlich in großen Schwärmen dahinziehen. Das Unterscheiden der Zugrufe ist die hohe Kunst der Vogelstimmenkunde und für den Einstieg in die Vogelstimmen zu komplex. Aber das Trompeten des Kranichs kannst du dir versuchen einzuprägen, um bei der nächsten Beobachtung von Vögeln, die in einer Pfeilformation vorbeifliegen, zumindest sagen zu können: Kranich – ja oder nein! Und wer es genau nehmen möchte, kann versuchen, bei den Kranichen noch das hohe Pfeifen der Jungvögel herauszuhören. Großvögel fliegen in Pfeilformation, um Energie zu sparen. Wie Rennradfahrer nutzen sie den Windschatten des vorn fliegenden Vogels und sparen bis zu 20 % Energie.

1

1 Alle paar Jahre kommt es in Süddeutschland zu großen Schlafplatzansammlungen mit bis zu einer Million Bergfinken. Das ist ein krasses Naturspektakel. 014

2 Kraniche ziehen in V-Formation. Sie sind „Windschattenflieger“ und sparen so bis zu 20 % Energie. 015

2

DIE VOGELARTEN

Allerweltsarten

Unter Vogelbeobachtern werden als Allerweltsarten gerne Arten bezeichnet, die häufig und praktisch überall anzutreffen sind. Ihre Stimmen sind so bekannt, dass du sie bestimmt auch erkennst.

Wirkliche Allerweltsarten sind für mich Kuckuck, Krähe, Ente und Möwe. Bei den letzten dreien nenne ich bewusst zunächst nicht die genauen Artbezeichnungen, da sie zum einen nicht jedem gleich bekannt sind, zum anderen auch unterschiedliche Arten dahinterstecken können.

DER KUCKUCK

„Kuckuck, Kuckuck, ruft's aus dem Wald.": Ein Kinderlied, das wir alle schon mal gesungen oder vielleicht sogar in der Grundschule auf der Flöte gespielt haben. Sein Name gehört sicherlich zu den bekanntesten und der einfache Ruf verrät den Kuckuck sofort. Der Vogel ist vor allem außerhalb der Siedlungsbereiche zu hören. Er legt seine Eier in fremde Nester und lässt sie von anderen Vögeln ausbrüten.

DIE KRÄHE

Das „Krah krah" der Krähe, ihre richtige Bezeichnung ist Rabenkrähe, dürfte ebenfalls bekannt sein. Der schwarze Vogel wird oft fälschlicherweise einfach als Rabe bezeichnet. Der eigentliche Kolkrabe ist zwar genauso schwarz aber wesentlich größer. Die Rabenkrähe ist überall präsent, von der Innenstadt bis in den letzten Winkel eines Nationalparks. Ihre Schwesternart östlich der Elbe ist die grau-schwarze Nebelkrähe. Krähen rufen das ganze Jahr über.

DIE ENTE

Wer hat nicht als Kind schon mal irgendwo Enten gefüttert? Das typische Quaken der Stockente dürfte seitdem abgespeichert sein. Auch wenn es in den Innenstädten haufenweise schwarze, weiße und andersfarbige Hausentenmischlinge gibt, stammen sie doch alle von der Stockente ab und rufen daher gleich.

DIE MÖWE

Das Kreischen der Lachmöwe weckt bei mir sofort Urlaubserinnerungen. Sie ist sowohl im Binnenland als auch an der Küste anzutreffen und macht sich immer lautstark bemerkbar. Andere verbinden mit Möwen vielleicht eher die Silbermöwe. Der Ruf beider Arten ist zudem Bestandteil von Entspannungsmusik, wenn sie den Titel „Meeresrauschen" trägt.

Den Ruf des Kuckucks erkennst du. 016

Das raue „Kraaahhh kraaahh“ stammt von der Rabenkrähe. 017

Die Stockente ist unsere häufigste Ente. Ihr „Quak-quak“ und „Errp-errp“ ist unverwechselbar. 018

Möwengeschrei, wie von der Lachmöwe, verbinden viele mit Strand und Meer. 019

„Die wilden 13“

„Die wilden 13“ sind eine etwas bunt gemischte Auswahl an Arten, deren Gesänge bei meiner Vogelstimmenhotline am meisten angefragt wurden. Wenn du diese 13 Vogelarten an ihren Stimmen erkennst, hast du eine gute Basis, um mit den Vogelstimmen durchzustarten.

Aus mehr als 15.000 eingesendeten Aufnahmen bildeten diese Arten die Top 13. Ihre Gesänge sind mir in zehn Jahren Vogelstimmenhotline am häufigsten geschickt worden. Gleichzeitig gehören die meisten von ihnen auch zu den häufigsten Arten bei uns und umgeben uns im Alltag. Aus meiner Erfahrung werden diese Gesänge draußen am meisten wahrgenommen. Dieser Grundstock liefert dir die Aussicht auf Erfolgserlebnisse, wenn du in die Welt der Vogelstimmen einsteigst. Höre dir die Gesänge regelmäßig an und versuche, sie beim Spazierengehen herauszuhören. Auf den folgenden Seiten stelle ich dir diese Vogelarten und ihre Gesänge und Rufe genauer vor.

Kohlmeise

Blaumeise

Amsel

Singdrossel

Rotkehlchen

Hausrotschwanz

Mönchsgrasmücke

Haussperling

Feldsperling

Buchfink

Zilpzalp

Türkentaube

Buntspecht

BLAUMEISE UND KOHLMEISE

Meisengesänge sind alles andere als einfach, das beginnt schon mit der Frage, wer macht eigentlich „Zizibe zizibe“? Für die einen ist es die Kohlmeise und für andere wie mich eindeutig die Blaumeise.

STECKBRIEF BLAUMEISE

Wiss. Name: *Cyanistes caeruleus*
Länge: 10,5–12 cm
Gesangszeit: ab Feb., sobald es warm wird, singt bis in den Juni
Gesangsaktivität: sehr ruffreudig, v. a. frühmorgens, aber ganztägig

020 Ruf
021 Gesang
022 Video

VORKOMMEN

Warum sind die beiden Arten dann bei "Den wilden 13" dabei, wenn sie so schwierig sind? Weil sie zum einen so häufig sind, dass man nicht an ihnen vorbeikommt. Denn Blau- und Kohlmeisen begegnen uns im Garten, in Parks, Feldgehölzen und Wäldern, gefühlt überall in unserem direkten Umfeld, wo es Bäume mit Nisthöhlen gibt. Zum anderen, weil jede der beiden Arten auch Gesänge und Rufe hat, die nahezu eindeutig sind.

GESANG

Wenn die Balzzeit vieler Vögel noch weit entfernt liegt, geht es bei den Meisen schon los. Milde Temperaturen um die Wintersonnenwende Ende Dezember können ihren Reviergesang bereits auslösen, auch wenn es bis zur Brut noch bis März dauert.
Die Meisengesänge lernt man am besten im Winter, wenn wenig andere Vögel zu hören sind. Es singt nur eine Handvoll Arten, darunter Kleiber, Tannenmeise, Rotkehlchen und Grünfink. Hinzu kommen verschiedene Spechte, die jetzt trommeln, und, wenn es dunkel wird, rufen die Waldkäuze.

Gute Sänger – schlaue Köpfchen

Vielleicht ist die Gesangsvielfalt der Meisen auch ein Indiz für Intelligenz? Gerade bei den Kohlmeisen ist das recht gut untersucht, seitdem die Vögel in den 1920er Jahren in England lernten, die Aludeckel der Milchflaschen zu öffnen. Damals wurden die Flaschen noch morgens mit der Zeitung vor die Haustüre gestellt. Irgendwann fand eine der Kohlmeisen heraus, dass man durch das Aufpicken des Alus an die hervorragende oberste Schicht aus frischer Sahne gelangt. Innerhalb von wenigen Jahren breitete sich dieses Verhalten in ganz England aus, weil einfach eine Meise von der anderen lernte.

DIE BLAUMEISE SINGT HÖHER.

Aufgrund ihrer Vielfalt sind die Gesänge von Blau- und Kohlmeise nicht einfach zu unterscheiden. Daher am besten zum Üben immer hinschauen, wer da wirklich singt.

1

2

1 Die Blaumeise kommt gerne an deine Futterstelle. Fett ist sehr begehrt und liefert Energie.

2 Die männliche Kohlmeise hat einen breiten schwarzen Bauchstreifen.

MEIN TIPP

So kannst du dir die Gesänge beider Arten merken:

Die Kohlmeise singt fröhlich zweisilbig „didä didä didä“ oder „düdi düdi düdi“ oder „didü didü didü“, was sich im Frühjahr gut als „Frühling – Frühling – Frühling“ interpretieren lässt.

Die Blaumeise singt etwas höher und länger „zizi düüüüüü [Pause] zizidüüüüü“ oder das bekannte, dreisilbige „zizibe zizibe zizibe“.

Gilt auch für Blaumeisen

Bei den Blaumeisen hat der englische Forscher Dr. Q. O. N. Kay herausgefunden, dass sie wie Kolibris gerne Nektar trinken. Anfang April produzieren die blühenden Kätzchen der Salweide morgens und abends am meisten Nektar. Genau in diesen Zeitfenstern sucht die Blaumeise die blühenden Kätzchen auf, pickt in die Nektardrüsen eines Kätzchens und trinkt einen Schluck Nektar. Wie bei einer Honigbiene bleibt natürlich auch bei der Blaumeise der Pollen hängen. Mit gelb gepuderten Federchen am Schnabelansatz zieht sie von einer Blüte zur nächsten und trägt damit zur Bestäubung bei. Dr. Kay stellte fest, dass eine Blaumeise etwa neun Kätzchen pro Minute besucht, während eine Erdhummel nur etwa drei Kätzchen pro Minute schafft. Zudem hat er beobachtet, dass die Blaumeisen so sorgfältig picken, dass die Kätzchen dabei nicht beschädigt werden und trotzdem noch fruchten können.

STIMMLICHES DURCHEINANDER

Es gab in meinem Garten auch schon eine Kohlmeise die eins zu eins den Blaumeisengesang geäußert hat. Beide Arten, Kohlmeise und Blaumeise, haben gefühlt hundert verschiedene Lautäußerungen parat: Reviergesänge, Kontaktrufe, Warnrufe, Flugrufe und dazu noch nachgemachte Laute anderer Vögel. Selbst erfahrene Vogelstimmenkenner wie ich werden noch nach 30 Jahren von diesen Meisenarten hinters Licht geführt. Auch die Apps mit KI zur Vogelstimmenerkennung kommen nicht unbedingt damit zurecht. Abhilfe schafft wie immer das genaue Hinschauen, also Fernglas zücken und dem Ursprung der unbekannten Laute live auf den Grund gehen. Dann ist wirklich klar, ob dort gerade die Blaumeise oder die Kohlmeise ruft.

STECKBRIEF KOHLMEISE

Wiss. Name: *Parus major*
Länge: 13,5–15 cm
Gesangszeit: ab Jahresbeginn, sobald es warm wird, singt bis in den Juli
Gesangsaktivität: sehr ruffreudig, ausgeprägt frühmorgens, aber ganztägig

023 **Ruf**
024 **Gesang**
025 **Video**

Natürliche Nisthöhlen in alten Bäumen sind manchmal rar. Du kannst auch der Kohlmeise mit Nistkästen aushelfen.

DIE AMSEL

Die Amsel oder Schwarzdrossel ist einer der häufigsten Vögel in Deutschland: Weibchen in Braun und Männchen mit schwarzem Federkleid und orangegelbem Schnabel. Während ihr Aussehen den meisten Leuten bekannt sein dürfte, scheint der Gesang vielen unbekannt zu sein.

STECKBRIEF

Wiss. Name: *Turdus merula*
Länge: 23,5–29 cm
Gesangszeit: ab Feb., sobald es warm wird, singt bis Anf. Aug.
Gesangsaktivität: v. a. Morgen- und Abenddämmerung

026 **Ruf**
027 **Warnruf „Zieeeh"**
028 **Warnruf „tick, tick, tick"**
029 **Gesang**
030 **Video**

Unter mehreren tausend Einsendungen meiner Vogelstimmenhotline wurde der Gesang der Amsel mit am häufigsten nachgefragt. Dabei ist sie sehr leicht beim Singen zu beobachten, denn sie sitzt fast immer gut sichtbar auf einem Dachgiebel oder auf einer Baumspitze. Zwischen Februar und Juli singt sie vor allem in den Morgen- und Abendstunden.

VOM WALD IN DEN GARTEN

Sie ist ganzjährig bei uns anzutreffen und brütet inzwischen bis zu vier Mal hintereinander. Ihr Hauptlebensraum sind die Siedlungsbereiche mit Haus- und Kleingärten. Sie ist ein typischer Kulturfolger des Menschen, vom ehemals scheuen Waldvogel hin zum zutraulichen Gartenbewohner.
Anpassen kann sich die Amsel so gut, weil sie ein breites Nahrungsspektrum hat. Ihr Speiseplan besteht aus Regenwürmern, Früchten und Insekten aller Art.

MELODISCHER GESANG

Der Gesang ist sehr ausgiebig und abwechslungsreich. Die melodischen, etwa zwei bis drei Sekunden langen Strophen werden immer wieder von kurzen Pausen unterbrochen. Amselhähne bauen in ihren Gesang gerne Geräusche ein, die sie als Jungvogel im Nest vernommen haben. Dies können neben dem Gesang des Vaters akustische Signale aller Art sein. Kürzlich wurde bekannt, dass sie beispielsweise in Kiel die Alarmsignale von E-Scootern nachahmen. Teile des Gesanges sind melodische Flötentöne, die in dem Sinn keine weitere Bedeutung haben, aber in die sich wunderbar Melodien von Songs hineininterpretieren lassen.
So kam vor zwei Jahren bei mir die Anfrage eines Radiosenders, wer denn der Vogel sei, der den Song „I'm a Barbie girl" pfeife. Bei mir in der Nachbarschaft gibt es eine Amsel die Teile des „The Imperial March" von Star Wars pfeift.

1

1 Typisch Amselhahn: Beim Singen sitzt er immer ganz oben, entweder auf dem Dach oder auf der Baumspitze.

2 Die kleinste Bewegung ist das Ende vom Wurm. Dieses Amselweibchen beobachtet genau und packt sofort zu.

2

DIE SINGDROSSEL

Einer der schönsten Abendgesänge in Wäldern, Parks und Gärten: Die schlicht gefärbte und das ganze Jahr unauffällige Singdrossel dreht zur Balz voll auf und setzt sich am liebsten ganz oben auf die Baumspitze.

STECKBRIEF

Wiss. Name: *Turdus philomelos*
Länge: 20–22 cm
Gesangszeit: ab März, sobald es wärmer wird, singt bis in den Juni, zwei Höhepunkte vor den Brutphasen im Apr. und Juni
Gesangsaktivität: sehr ausgeprägt abends bis in die Dämmerung

031 **Ruf**
032 **Flugruf**
033 **Gesang**
034 **Video**

SINGDROSSEL VERSUS NACHTIGALL

Häufig wird sie für eine Nachtigall gehalten, da sie bis in die Dämmerung hinein singt. Der Gesang ist laut, voll und vielfältig, die Strophen häufig unterschiedlich und von Vogel zu Vogel verschieden. Die Singdrossel strickt aber immer nach dem gleichen Muster und wiederholt viele ihrer Strophen drei bis fünf Mal, z.B. „düit düit düit – dadadi dadadi dadadi dadadi – tiorit tiorit".
Die Singdrossel ist ein Zugvogel. Sie kommt bereits Mitte Februar aus dem Mittelmeerraum zurück und beginnt Anfang März zu singen. Der Gesang ähnelt vielleicht dem der Nachtigall. Da die Nachtigall aber erst Mitte April aus dem Süden zurückkehrt und nie auf der Baumspitze sitzt, sondern meist nur wenige Meter über dem Boden singt, kann diese meist ausgeschlossen werden.

„DROSSELSCHMIEDE"

Die Singdrossel hat ein besonderes Fressverhalten. Sie ist auf Häuschenschnecken, wie die gelbschwarze Gartenschnirkelschnecke, spezialisiert. Da sie aber weder das Gehäuse mit ihrem Schnabel öffnen, noch die Schnecke am Stück schlucken kann, sucht sie sich einen geeigneten Stein, auf dem sie das Schneckenhaus aufschlägt. Mit Glück kann man draußen so eine „Drosselschmiede", also so einen Stein, entdecken, neben dem mehrere aufgeschlagene Schneckenhäuschen liegen.

Drosselschmiede

EINDEUTIG SINGDROSSEL

Hallt ein lauter Gesang in den Abendstunden im März und April ganz oben aus den Baumwipfeln, und werden die einzelnen Strophen drei- bis fünffach wiederholt, kann es nur eine Singdrossel sein.

DAS ROTKEHLCHEN

Es trägt im Englischen den Namen Robin. Mit der orangeroten Kehle und den großen schwarzen Augen ist das Rotkehlchen einer unserer sympathischsten Gartenbewohner. 2021 wurde es offiziell zum Lieblingsvogel gekürt.

STECKBRIEF

Wiss. Name:
Erithacus rubecula
Länge: 12,5–14 cm
Gesangszeit: ganzjährig, bildet Winterreviere, singt daher auch im Winter
Gesangsaktivität:
v. a. in der Morgen- und Abenddämmerung bis in die Dunkelheit

035 Ruf

036 Gesang

037 Video

GESANG

So bekannt es auch sein mag, so unbekannt ist doch sein ruhiger, melancholisch anmutender Gesang. Die Strophen beginnen häufig mit einem hohen „Ziehhh" und fallen dann von hell nach dunkel perlend ab: „ziehhh trittel trettel ditrettel didl düdl dieeee". Häufig zu hören ist auch sein gepresster, klickernder Warnruf.
Besonders aktiv ist es frühmorgens und in den Abendstunden, teilweise singt es sogar noch bei absoluter Dunkelheit und wird daher auch gerne mal für eine Nachtigall gehalten. Es singt so gut wie immer versteckt im Geäst, meist in Bodennähe, nur selten in über fünf Metern Höhe.

IM WINTER

Das Rotkehlchen ist einer der wenigen heimischen Vögel, die auch im Winter singen, denn Männchen und Weibchen besetzen im Winter Reviere und verteidigen diese gegen Artgenossen. Im Frühjahr lösen die Weibchen ihre Reviere auf und begeben sich auf Partnersuche. Oftmals sind die Rotkehlchen, die bei uns im Winter im Garten herumhuschen, gar nicht dieselben, die im Frühjahr bei uns brüten. Viele unserer mitteleuropäischen Rotkehlchen ziehen im Winter nach Spanien, die aus Skandinavien rücken nach und verbringen den Winter bei uns.

Unter Palmen

Manche von ihnen lassen sich etwas Besonderes einfallen, um die kalte Jahreszeit zu überdauern. Über meine Vogelstimmenhotline schickte mir Elke Anfang 2017 die Aufnahme eines singenden Rotkehlchens aus dem Saunabereich eines Schwimmbads, welches offenbar seinen Winter dort unter Palmen verbracht hatte. 2018 war Robin auch wieder dort und fühlte sich sichtlich wohl. Nahrung gab es dort offensichtlich genug.

1

MEIN TIPP

Die Strophen starten oft mit einem hohen „Ziehhh“ und fallen dann ab: „ziehhh trittel trettel ditrettel didl düdl dieeee“. Das Rotkehlchen singt auch noch bei absoluter Dunkelheit, immer gut versteckt und meist in Bodennähe.

2

3

1 Das Rotkehlchen singt meist relativ weit unten, versteckt zwischen den Zweigen.

2 Am Boden sucht der hübsche Vogel nach Nahrung.

3 Im Winter tauchen Rotkehlchen im Garten auf, die aus dem Norden zu uns ziehen.

PAUL RIEDERER UND DAS ROTKEHLCHEN

Wenn schöne Erlebnisse und tolle Vorbilder Weichensteller für die Zukunft sind, ist das großartig. Mir ging es so mit Paul und dem Rotkehlchen.

Es muss irgendwann Anfang der 1990er Jahre gewesen sein, als mich mein Vater an einem Sonntagmorgen extra nach Landshut fuhr, damit wir gemeinsam an einer Vogelstimmenexkursion von Paul Riederer vom örtlichen BUND Naturschutz teilnehmen konnten. Es war Ende April im Landshuter Hofgarten. Paul hatte damals neben seinem kleinen Fernglas sein vermutlich mehrere Kilo schweres Tonbandgerät und ein etwa einen halben Meter langes Richtmikrofon dabei. Irgendwann mitten in der Exkursion blieb er stehen und hielt inne: „Da hinten singt ein Rotkehlchen." Er schaltete sein Tonbandgerät an, ein kleines Lämpchen leuchtete auf und die zwei CD-großen Tonbandspulen fingen an sich zu bewegen. Nun hielt er das lange Richtmikrofon in Richtung Rotkehlchengesang und wir hielten alle die Luft an.
Nach einer halben Minute stoppte er die Aufnahme, spulte das Tonband zurück und spielte über den Lautsprecher den Gesang des kleinen Vogels ab. Sofort war der Sänger zur Stelle und präsentierte sich mit seiner knallroten Kehle und dem perlenden Gesang nur wenige Meter von unserer Gruppe entfernt.
Für Umweltbildungszwecke gibt es Ausnahmen, grundsätzlich ist das Anlocken von Vögeln mithilfe von Klangattrappen, dazu gehören auch Handys, aber gesetzlich verboten, weil es die Tiere stressen kann. Sie denken, es nähert sich ein Rivale, den sie daraufhin versuchen zu vertreiben. Dennoch war es für mich persönlich ein sehr prägendes Erlebnis, das mir noch bis heute sehr präsent ist. Eine Beobachtung, die meine Leidenschaft und den Entschluss eine „grüne" Laufbahn einzuschlagen, mit ausgelöst hat.
Bis zu seinem Tod war Paul Riederer für mich ein Mentor im Bereich Artenkenntnis und Naturschutzarbeit. Laut der Studie „Erosion der Artenkenner" von Dr. Kai Frobel und Dr. Helmut Schlumprecht vom BUND Naturschutz sind Mentoren und Vorbilder entscheidend für ein starkes Interesse am Naturschutz und speziell auch für die eigene Artenkenntnis.
Etwa 25 Jahre nach dem Erlebnis mit dem Rotkehlchen unterstützte mich Paul dabei, erstmals die Idee der „Vogelstimmenhotline" umzusetzen. Er sagte: „Ich habe zwar keine Ahnung, was du vorhast, aber wir geben dir hundert Euro, damit du dir ein Handy für die Aktion kaufen kannst."

1

1 Der Gesang des Rotkehlchens hat mein Interesse an den Vogelstimmen ausgelöst. 036

2 Paul Riederer war mein Mentor in Sachen Vogelkunde und vor allem bei den Vogelstimmen. Hier seht ihr uns beim gemeinsamen Startschuss für die Vogelstimmenhotline im Jahr 2016.

2

DER HAUSROTSCHWANZ

Ursprünglich in den Bergen über der Baumgrenze zu Hause, folgte er dem Menschen in die Städte. Der Hausrotschwanz ist Nischenbrüter und baut sein Nest gern auf Balken unter Vordächern oder in Schuppen.

STECKBRIEF

Wiss. Name: *Phoenicurus ochruros*
Länge: 13–14,5 cm
Gesangszeit: ab März bis in den Juli
Gesangsaktivität: singt frühmorgens noch bei völliger Dunkelheit als einer der ersten

038 Ruf

039 Gesang

040 Video

FRÜHAUFSTEHER

Beim Singen sitzt das komplett schwarze Männchen mit dem roten Schwanz immer auf einer erhöhten Stelle, bevorzugt auf Dachgiebeln, Schornsteinen und Antennen. Laut Vogeluhr beginnt es mit seinem Gesang 70 Minuten vor Sonnenaufgang. Das erweckt den Eindruck, es würde nur zu diesem Zeitpunkt singen. Die Vogeluhr markiert aber nur den Beginn seiner Aktivität, es singt nämlich tagsüber zu jeder Uhrzeit. Sein „Rüidididit... [kurze Pause] krchchchchch...rüdididit" ist jedes Jahr ab März zu hören, wenn es aus dem Winterquartier im Mittelmeerraum zurückkehrt. Der mittlere, gekrächzte Teil seines Gesanges hört sich ein bisschen so an wie ein altes Radio beim Verstellen des Senders. Da der Gesang kurz und einfach ist, kannst du ihn dir gut einprägen. Bei Gefahr in Nestnähe ruft das Männchen eindringlich „hüit hüit".

Das Weibchen ist einheitlich braun bis auf den ebenfalls knalligen Schwanz. Knicksen und Schwanzwippen sind typische Verhaltensweisen von Männchen und Weibchen.

1

2

1 Komplett dunkel und mit knalligem Schwanz: Das Männchen vom Hausrotschwanz ist unverwechselbar.

2 Beim Singen steht es am liebsten ganz oben auf dem Dachgiebel.

MÄNNCHEN UND WEIBCHEN

Von Weitem kannst du sowohl Weibchen als auch Männchen gut durch die aufrechte Haltung, den langen Schwanz und das regelmäßige Knicksen erkennen.
Weibchen und flügge Jungvögel sind bräunlich gefärbt und haben ebenfalls einen roten Schwanz. Normalerweise sind Männchen nach einem Jahr ausgefärbt und tragen das schwarze Kleid. Es gibt jedoch ein besonders spannendes Phänomen: Um die 12 Prozent aller jungen Männchen einer Population zeigen im ersten Jahr noch das Weibchengefieder, das heißt, knapp 90 Prozent werden schwarz, der Rest bleibt noch ein Jahr braun. Eine Laune der Natur? Warum dieses Phänomen auftritt, ist noch ungeklärt und bedarf weiterer Forschung. Ursprünglich in den Bergen über der Baumgrenze zu Hause, folgte der Hausrotschwanz dem Menschen in die Städte und ist jetzt in Häuserschluchten unterwegs.
Er ist Nischenbrüter und baut sein Nest am liebsten auf Balken unter Vordächern oder in Garagen und Geräteschuppen.

DIE MÖNCHSGRASMÜCKE

Du stehst vor einem Gebüsch, siehst nichts, aber aus dem Inneren pfeift es voller Inbrunst. Das ist die typische Kulisse, wenn die Mönchsgrasmücke singt.

STECKBRIEF

Wiss. Name: *Sylvia atricapilla*
Länge: 13,5–15 cm
Gesangszeit: ab März bis Aug., singt als eine der letzten im Jahr
Gesangsaktivität: fängt an zu singen, wenn es schon hell ist

041 Ruf
042 Gesang
043 Video

UNSCHEINBARES GENIE

Meisengroßer, mausgrauer Vogel, Weibchen mit rotbrauner Kappe, das Männchen mit schwarzem Hut. Wer den Gesang nicht kennt, bekommt die Mönchsgrasmücke so gut wie nie zu Gesicht. Dies ist auch der Grund, warum sie jedes Jahr wieder bei der Stunde der Gartenvögel so schlecht abschneidet (im Jahr 2024 nur in 16% aller Gärten). Laut Bestandszahlen ist sie aber der vierthäufigste Vogel in Deutschland.

LAUTSTARKE SCHWARZKAPPE

Die Mönchsgrasmücke ist ein typischer Insektenfresser und deshalb ein Zugvogel, der den Winter lieber im Mittelmeerraum verbringt. Kaum ist sie Mitte März aus ihrem Winterquartier zurück, beginnen die Männchen lautstark ihre Reviere zu markieren, und die Weibchen machen sich auf die Suche nach dem besten Sänger. März ist die beste Zeit, um Weibchen und Männchen zu beobachten, da Sträucher und Bäume noch kein Laub tragen.

Warnruf

Ist das Revier abgesteckt, ein Partner gefunden und das gemeinsame Nest gebaut, schwächt der Reviergesang ab. Zunehmend ist vielerorts ein „check check check“ zu hören, es klingt, als würde man zwei Steine aufeinanderschlagen. Dies ist der Warnruf, sowohl der Weibchen als auch der Männchen, wenn Gefahr für das Nest und die Jungen besteht. Schleicht etwa eine Katze durch den Garten und es ertönt der Warnruf, verharren die Jungen regungslos im Nest.

Spotten

Eine relativ unbekannte Fähigkeit der Mönchsgrasmücke ist das „Spotten“, also das Nachahmen anderer Gesänge. Was bei Star und Sumpfrohrsänger fester Bestandteil des Gesanges ist, scheint bei der

1

2

1 Fast nie siehst du das Männchen beim Singen. Am liebsten hält es sich dabei ganz versteckt im Gebüsch auf.

2 Mönchsgrasmücken lieben die Beerenvielfalt. Hier nascht das Weibchen Efeubeeren. Sie sind ähnlich beliebt wie Wilder Wein.

1

1 Unermüdlich singt das Männchen, der Pavarotti unter unseren Gartenvögeln. Es trägt ein graues Gewand mit schwarzer Kappe.

2 Ein Weibchen mit brauner Kappe huscht durchs Gebüsch. Nur selten bekommt man es zu Gesicht.

2

MEIN TIPP

Der Warnruf der Mönchsgrasmücke ist sehr auffällig: „Check check check". Er klingt, als würde man zwei Steine aufeinanderschlagen. Sowohl Weibchen als auch Männchen rufen ihn, wenn Gefahr für Nest und Junge besteht.

Mönchsgrasmücke von der Laune des Vogels abzuhängen. In unserem Garten habe ich ein Männchen beobachtet, das sich an manchen Tagen in die Morgensonne setzte und die Gesänge von Dorngrasmücke, Gartenrotschwanz bis hin zur Singdrossel in den eigenen Gesang einbaute. Später am Tag fiel er wieder in den ganz normalen Gesang zurück. Bei Revierkämpfen mit den Nachbarn packte er ebenfalls sein besonderes Talent aus. Hierbei singen die beiden Männchen um die Wette und versuchen, sich mit Lautstärke, Schnelligkeit und Vielfalt des Gesanges gegenseitig zu überbieten.

Leiern

Neigt sich die Brutsaison dem Ende zu, fängt der Mönchsgrasmückenmann an zu „leiern". Das ist ein Gesangsphänomen, dessen Hintergrund bisher noch nicht geklärt ist. Der Reviergesang wird dabei stark vereinfacht. Der erste Teil wird größtenteils weggelassen und der zweite Teil durch ein anhaltendes „Düle-düle-düle-düle" ersetzt.

VERERBTE ZUGWEGE

Der bekannte Vogelforscher, Prof. Dr. Peter Berthold, untersuchte anhand der Mönchsgrasmücke das Zugverhalten von Kleinvögeln. Er fand heraus, dass der Zugweg vererbt wird. Während bei Großvögeln, wie Störchen, Gänsen oder Kraniche, die Eltern ihren Jungen die Strecke beim ersten Mal zeigen, wird bei kleinen Arten die Information vererbt, wie lange sie in welche Richtung fliegen müssen. Vereinfacht gesagt wird folgende Information weitergegeben: „Fliege zwei Tage nach Südwesten und drei Tage nach Süden“, und sie landen in Senegal. „Fliege drei Tage nach Südosten, fünf Tage nach Süden“, und sie landen im Kongo.

Dies ist jedoch kein starres System, denn der Zug hängt noch von einigen anderen Faktoren, wie z. B. der Witterung, ab. Schneller als man bisher vermutete, können sich die Vögel dem Klimawandel oder anderen Bedingungen anpassen und neue Zugwege erkunden oder ihr Zugverhalten einstellen. Stare überwintern zunehmend in Deutschland, Weißstörche bleiben im Winter hier und manche Mönchsgrasmücken ziehen nordwestlich Richtung England, statt südwestlich Richtung Senegal.

3

4

3 Das Nest webt die Mönchsgrasmücke rein aus Grashalmen.

4 Manche Mönchsgrasmücken bleiben auch im Winter bei uns und kommen sogar an die Futterstelle.

FELDSPERLING UND HAUSSPERLING

Das „Tschip…Tschip“ der Spatzen wird vielerorts seltener. Gesang und Rufe der beiden Sperlingsarten sind kaum zu unterscheiden.

STECKBRIEF FELDSPERLING

Wiss. Name: *Passer montanus*
Länge: 12,5–14 cm
Gesangszeit: ab Feb. bis Juli, später im Jahr sehr ruffreudige Spatzenschlafplätze
Gesangsaktivität: sehr ruffreudig, singt vor allem morgens, aber ganztägig

044 **Ruf**

045 **Gesang**

046 **Video**

DIE GANG VOM DACH

Spatzen zu entdecken, ist in der Regel nicht schwer. Häufigste Sitzwarten sind Hausdächer. Hörst du also rufende Feld- oder Haussperlinge, kannst du gleich die Dachgiebel und -rinnen der umliegenden Häuser absuchen. Sie brüten sehr gerne am unteren Dachende, wo sie von der Regenrinne direkt unter die Ziegel schlüpfen können. Als gesellige Koloniebrüter haben sie kein großes Revier und singen daher direkt am Nistplatz.

UNTERSCHEIDUNG

„Feldsperling mit Fleck“ ist eine einfache Eselsbrücke für die sichere Bestimmung, denn Feldsperlinge, bei denen Weibchen und Männchen gleich aussehen, haben einen schwarzen Wangenfleck unter der kastanienbraunen Kopfplatte. Bei den Haussperlingen sind die Geschlechter unterschiedlich, das Männchen hat eine graue Kopfplatte und eine auffällige Kopfzeichnung (Foto oben links), das Weibchen ist recht einheitlich graubraun.

HALME ZEIGEN DIE HÖHLEN

Gute Hinweise auf ihre Nistplätze sind lange Grashalme, die aus Nischen hängen. Öffnet man einen Nistkasten mit einem Spatzennest, ist der Nistraum randvoll mit Grashalmen und Federn. Die beiden Sperlingsarten sind entfernte Verwandte der Webervögel, das zeigt vor allem der nahe Verwandte, der Weidensperling aus dem Mittelmeerraum, der dort kunstvolle Kugelnester baut.
Die Stimmen der Sperlingsarten sind dagegen schwer zu unterscheiden. Wenn du sicher gehen möchtest, zu wem das „Tschippen“ gehört, solltest du gut hingucken, wer der „Verursacher“ ist.

DER FELDSPERLING

Weibchen und Männchen sehen bei dieser Art gleich aus. Sie haben beide einen kastanienbraunen Kopf mit einem schwarzen Backenfleck.

STECKBRIEF HAUSSPERLING

Wiss. Name: *Passer domesticus*
Länge: 14–16 cm
Gesangszeit: ab Feb. bis Juli, später im Jahr sehr ruffreudige Spatzenschlafplätze
Gesangsaktivität: sehr ruffreudig, singt vor allem morgens, aber ganztägig

047 **Ruf**

048 **Gesang**

049 **Video**

SCHUTZ FÜR DEN SPATZ

Die Bedingungen für die Spatzen in den Städten werden rau. Überall wird modernisiert, naturnahe oder brachliegende Gebiete verschwinden, Flächen werden versiegelt. Selbst in den kleinen Dörfern auf dem Land werden die Gebäude nach neusten Standards renoviert und gebaut. Das führt dazu, dass Brutplätze knapp werden. Der Spatz muss kreativ sein, um sich behaupten zu können. In Zeiten der strengen Hygienevorschriften und konsequenter Wärmedämmung an Gebäuden sieht die Zukunft nicht rosig aus. Dennoch schlägt der Haussperling sich in den Städten durch, brütet in Rolltreppenschächten oder schüttelt die letzten Brösel aus einer weggeworfenen Brottüte.

Wer dem Haussperling helfen will, hat heutzutage jedoch vielfältige Möglichkeiten. Werden Gebäude saniert oder neu gebaut, können Nischen und Mauerspalten mit Spezialbausteinen künstlich eingerichtet werden. Fassadenbegrünung wird von den Spatzen ebenfalls sehr gerne angenommen.

Naturnahe Gärten sind für die sympathischen kleinen Vögel oftmals die letzte Rettung. Eine wilde Ecke im Garten mit heimischen Sträuchern, Stauden und Gräsern sichert den Spatzen ein reiches Angebot an Insekten und Samen. Auch eine Vogeltränke und ein Sandbad in einem Blumenuntersetzer sind bei Spatzen äußerst beliebt.

WELTSPATZENTAG

Der Rückgang der Spatzen ist nicht nur ein Problem in Deutschland, man kann ihn auf der ganzen Welt beobachten. In Deutschland steht der quirlige Kulturfolger auf der Vorwarnstufe der Roten Liste.

Am 20. März 2010 hat die indische Naturschutzorganisation „Nature Forever Society“ den „world sparrow day“ (Weltspatzentag) ins Leben gerufen. Seither macht der Tag jedes Jahr auf den Rückgang der Spatzen aufmerksam.

Der Spatzentrupp auf dem Dach: Das Männchen sitzt hier unten in der Mitte, Drumherum sitzen Weibchen und flügge Jungvögel.

1

MEIN TIPP

Gestalte deinen Garten naturnah. Pflanze heimische Sträucher und Stauden. Biete dem Spatz ein ungemähtes Wiesenstück mit Grassamen und Insekten. Vogeltränke und Sandbad sollten nicht fehlen.

2

1 Der männliche Haussperling hat eine graue Kappe und kastanienbraune Seiten. Im Gegensatz zum Feldsperling hat er keinen schwarzen Fleck auf der Backe.

2 Der Kopf des Weibchens ist wenig gezeichnet. Es genießt ein Sandbad.

DER BUCHFINK

„Bitte bitte bitte bitte bring mir einen würzig Bier!", ist einer der vielen Merksprüche für den Gesang des Buchfinken. Unser häufigster Vogel ist fast überall zu hören.

STECKBRIEF

Wiss. Name: *Fringilla coelebs*
Länge: 14–16 cm
Gesangszeit: singt ab Feb. bis Juli, Regenruf ganzjährig
Gesangsaktivität: ganztägig

050 Regenruf
051 Gesang
052 Video

PARK- UND WALD-BEWOHNER

Anfang Februar beginnen die ersten Männchen zu balzen. Sie sind zu der Zeit mit der blaugrauen Mütze und dem rötlichen Bauch sehr auffällig gefärbt. Beim Singen sitzen sie gern erhöht, mindestens fünf Meter hoch oder höher, bei Einzelbäumen gern auf der Spitze. Seine Nahrung sucht der Buchfink meist am Boden und ist nicht allzu scheu. Sieht man nur seinen bräunlichen Rücken, könnte man ihn für einen Spatz halten. Wenn er auffliegt, blitzen seine weißen Flügelbänder auf, die ihn ziemlich eindeutig als Buchfinken bestimmen lassen.
Während Haus- und Feldsperling fast immer in Siedlungsnähe zu finden sind, begegnet man dem Buchfink eher in Parks oder Wäldern.

REGENRUF

Sehr auffällig ist auch sein sogenannter Regenruf. Ein kurzer Ruf, den er offensichtlich besonders gerne macht, wenn Regen bevorsteht, aber auch wenn er erregt ist. Der Begriff für den Ruf wurde in den letzten hundert Jahren geprägt. Ob es wirklich einen Zusammenhang mit dem Wetter gibt, muss noch genauer untersucht werden.
Jedenfalls macht er mancherorts ein gerolltes „Wrrrüt" und woanders dann ein gepfiffenes „Huit". Bei diesem Ruf gibt es offensichtlich Dialekte, knapp zehn Ruftypen hat man hier registriert.

DER UNVERHEIRATETE

Fringilla coelebs ist sein wissenschaftlicher Name. *„Coelebs"* heißt „der Unverheiratete". Das rührt daher, dass vor allem die Männchen im Winter in Mitteleuropa bleiben und die Weibchen und Jungvögel in den Mittelmeerraum abziehen. So dachte man früher, dass das Männchen quasi im Zölibat leben würde.

1

1 Das Männchen des Buchfinks hat eine blaugraue Mütze und weiße Flügelbinden.

2 Das Weibchen ist am Rücken grünlich braungrau und hat einen gräulichen Bauch. Es hat ebenfalls die weißen Flügelbinden.

2

MEIN TIPP

Für seinen Gesang gibt es viele Merksprüche, z. B. „Ich ich ich ich bin ein schöner Holzhackerbua!“ oder wie man in der Schweiz sagt: „Det, det, det is schwääär.“

DER ZILPZALP

„Zilp zalp zalp zilp zalp zilp" tönt es vielerorts lauthals ab Anfang März. Wer Vogelstimmen erlernen möchte, sollte unbedingt mit dem Zilpzalp beginnen, denn der zierliche, graubraune Vogel ruft wie der Kuckuck seinen eigenen Namen.

STECKBRIEF

Wiss. Name:
Phylloscopus collybita
Länge: 10–12 cm
Gesangszeit: singt ab Mitte März bis Juli
Gesangsaktivität: ganztägig ruffreudig

053 Ruf

054 Gesang

055 Video

BACKOFENNEST

Der Zilpzalp gehört in die Familie der Laubsänger und ernährt sich von kleinen Insekten. Er baut ein wunderschönes bodennahes Nestchen, außen kunstvoll mit Grashalmen geflochten, in der Form eines Pizzaofens, innen ausgepolstert mit einer dicken Lage Federn. Für den Nestbau braucht er bis zu zwölf Tage und fliegt in dieser Zeit über tausend Mal mit Nistmaterial zum Nest. Mit dreizehn Jahren bin ich erstmals auf einen nestbauenden Zilpzalp aufmerksam geworden und habe ihn lange beobachtet. Es ist faszinierend, mit welcher Eleganz er seinen Backofen flechtet.

IM WINTER AM MITTELMEER

Der etwa 11 cm lange und nur 8 g schwere Vogel ist Mittelstreckenzieher, das heißt, er zieht im Herbst in den Mittelmeerraum und überwintert zum Beispiel auf Mallorca. Wer im Winter Urlaub am Mittelmeer macht, kann häufig seine Kontaktrufe, den sogenannten „Hüid-Ruf" überall vernehmen. Diesen Ruf kann man bei uns häufig zur Zugzeit im Frühjahr und im Herbst vernehmen.

„ZWILLINGSART" FITIS

Der Zilpzalp hat einen Zwilling, den Fitis, den man bei uns auch regelmäßig antreffen kann. Beide Arten sehen sich äußerlich zum Verwechseln ähnlich. Während der „Hüid-Ruf" bei beiden fast gleich klingt, er hört sich beim Fitis etwas härter an, ist der Reviergesang der beiden Arten unterschiedlich wie Tag und Nacht. Der Gesang des Fitis erinnert an die Flugbewegung eines fallenden Blattes, das stufenweise, hin- und her, nach unten fällt: „Dididi, dädädä, düdüdü, dududu", der Gesang wird dabei tiefer und dunkler. Im Herbst fliegt er über die Sahara und überwintert südlich vom Äquator.

1 Das ist der Fitis, die Zwillingsart vom Zilpzalp. Äußerlich ist er kaum, aber am Reviergesang sehr leicht zu unterscheiden. 056 057

2 Einer der früheren Sänger: Der Zilpzalp ist ab Anfang März bei uns zu hören.

1

2

ALS ZWÖLFJÄHRIGER AM LIPNOSTAUSEE

Dieser Familienurlaub war für mich etwas ganz Besonderes. Ich erkundete auf eigene Faust die örtliche Vogelwelt. Die Erlebnisse mit Kohlmeise, Grauschnäpper, Lachmöwe und Zilpzalp haben mich nachhaltig geprägt.

Der Pfingsturlaub mit meinen Eltern im Jahr 1995 war sehr erlebnisreich für mich. Als damals Zwölfjähriger war ich voll ausgestattet in meinem Outdoordress mit meinem 16×50-Fernglas, Vogelbuch und einer kleinen Fotokamera. Ich erkundete die Umgebung rund um den Campingplatz am Lipnostausee in Tschechien.

Im angrenzenden Waldstück fand ich eine Baumhöhle auf Augenhöhe und beobachtete eine ganze Weile die aus- und einfliegenden Kohlmeisen. Unter dem Vordach eines kleinen Häuschens auf dem Campingplatz nistete ein Grauschnäpper auf nur einem Meter über dem Boden. Er war der erste, den ich in meinem Leben beobachtete. Ich fing immer wieder Mücken und legte sie ihm neben das Nest. Aus sicherer Entfernung beobachtete ich mit dem Fernglas, wie er die Mücken an seine Jungen verfütterte.

Mit unserem Schlauchboot fuhr ich in der Früh auf den See raus, um die Lachmöwen zu beobachten. Die ließen mich selbstverständlich nicht an ihre Nester ran und wehrten mich erfolgreich mit Flugmanövern ab.

Bei einer Rast auf einer kleinen Insel im See konnte ich einer Entenfamilie mit frisch geschlüpften Jungen zusehen, wie sie sich am Inselufer ausruhten. Absoluter Höhepunkt aber war das Nest eines Zilpzalps im hohen Gras, das ich nach stundenlangem Ansitzen schlussendlich lokalisieren und finden konnte. Die Jungen reckten mir gierig ihre kleinen Schnäbelchen entgegen. Selbstverständlich wurde alles mit meiner kleinen Kompaktkamera dokumentiert.

Bei allen Beobachtungen war ich immer darauf bedacht, keine Störungen zu verursachen. Ich lernte schnell, wie sich das Verhalten der Vögel änderte, wenn ich zu nah kam.

Mir ist klar, dass Vögel, besonders während der Brutzeit, natürlich nicht gestört werden sollten. Außerdem ist es wichtig, sich an Verbotsschilder vor Ort zu halten und nicht überall hinein vorzudringen. Aber es ist auch sehr wichtig, solche besonderen Erlebnisse zu haben, die viel eindrücklicher und nachhaltiger sind als alles andere. Ich bin sehr dankbar, dass ich diese zentralen Erfahrungen machen durfte. Sie haben dazu beigetragen, dass ich Naturschützer geworden bin. Denn ich bin fest davon überzeugt, dass man nur das schützt, was man auch kennt. Daher ist es für mich von zentraler Bedeutung, auch meine Kinder behutsam an die Natur heranzuführen, damit sie verstehen lernen, was in der Natur passiert und welche Faszination von ihr ausgeht. Die eigenen Erlebnisse sind zum Lernen immer noch die besten. Schnappt euch das Fernglas und geht raus.

Das bin ich als Zwölfjähriger am Lipnostausee.

Blick ins Zilpzalp-Nest mit frisch geschlüpften Jungen. Ausgekleidet mit Federn und außen aus Moos und Pflanzenteilen gefertigt.

Eine unauffällige Art, die im Mai aus Afrika zurückkommt, ist der Grauschnäpper. Sein Gesang besteht aus „zip zieht"-Lauten. 058 Er ist Nachmieter in den Nestern von Hausrotschwanz und Amsel.

Mit meinem 16 × 50 Fernglas auf einem Stativ war ich gut ausgestattet.

DIE TÜRKENTAUBE

Sie ist sehr verbreitet und vor allem in den Siedlungsbereichen anzutreffen. Oftmals ist die Türkentaube mit ihrem schwarzen Halsring das beständige „Hintergrundhupen“ des Vogelstimmenkonzerts.

STECKBRIEF

Wiss. Name:
Streptopelia decaocto
Länge: 29–33 cm
Gesangszeit: ruffreudig, fast das ganze Jahr aktiv
Gesangsaktivität: ganztägig

059 Ruf

060 Gesang

061 Video

DREIMAL „HU“

„Huhu [verzögert] hu“ – dreimal „hu“ ruft die Türkentaube vom Frühjahr bis in den Herbst, eigentlich zu jeder Tageszeit. Sie ist eine von fünf heimischen Wildtauben und die, die sich am meisten an den Menschen angepasst hat. Die Türkentaube kommt fast ausschließlich im Siedlungsbereich vor und sitzt fast immer exponiert, meistens auf dem Dachgiebel, auf Straßenlaternen oder im Garten auf Fichtenspitzen.

VERSUS FÜNFMAL „HU“ DER RINGELTAUBE

Am meisten überschneidet sich ihr Lebensraum mit dem der größeren und dunkleren Ringeltaube, die zunehmend die Städte erobert. Diese macht jedoch fünfmal „hu“ und zu ihrem Gesang gibt es den schönen Merkspruch „Hör gut zu Gudrun!“ (auf jeder Silbe ein „hu“).

Als Jugendlicher habe ich mit der „Handpfeife“ den Ruf stundenlang trainiert (s. Tipp), bis es mir gelang, die Taubenmännchen auf mich aufmerksam zu machen. Sie kamen sodann in meine Nähe geflogen, um mich mit ihrem Gesang zu überstimmen. Zum direkten Vergleich schau dir die Fotos der Ringeltaube auf den Seiten 90/91 und die Beschreibungen dort an.

BALZFLUG

Zum Ruf der Türkentaube gehört häufig der Balzflug, bei dem sie mit schnellem Flügelschlag steil nach oben flattert und dabei die Flügel unter dem Körper zusammenschlägt. Das Klatschen ist recht weit zu hören. Nach zehn bis zwanzig Metern Höhe breitet sie ihre Flügel aus und segelt in weiten Kreisen zu ihrer nächsten Singwarte. Vor dem Landen stößt sie ein raues, langes „Rrriiii riiiii riiiiii“ aus.

1

1 Nicht Kuckuck, nicht Uhu! Wer sitzt auf der Straßenlaterne und macht rhythmisch dreimal Mal „HU“? – Genau, die Türkentaube.

2

3

2 Auch ganz oben auf der Baumspitze oder dem Dachgiebel sitzt die Türkentaube gern beim Rufen.

3 Die Türkentauben sind oft als Pärchen anzutreffen. Liebevoll schnäbeln sie hin und wieder und bekunden damit ihre Saisonehe.

MEIN TIPP

Ihren Ruf kannst du gut lernen, indem du ihn versuchst nachzumachen. Das geht bei allen Taubenrufen gut mit der „Handpfeife“. Schau mal hier 062.

DER BUNTSPECHT

Das Trommeln vom Specht ist weithin bekannt, doch fliegen wirklich Späne, wenn man das ratternde Geräusch vernimmt? Nein, das Trommeln der Spechte dient allein der Kommunikation und nicht dem Höhlenbau.

STECKBRIEF

Wiss. Name: *Dendrocopos major*
Länge: 23–26 cm
Gesangszeit: trommelt nur ab Feb. bis Apr.
Gesangsaktivität: trommelt vor allem morgens, aber ganztägig

063 Ruf

064 Trommeln

065 Video

KLOPFEN, HACKEN ODER TROMMELN?

Der Buntspecht, unser häufigster Specht, hat seinen spitzen Schnabel fast immer im Einsatz. Hört man ein eher dumpfes, kurzes Klopfen mit kleinen Pausen à la „dack... dack...dadack... dack" ist der Specht auf Nahrungssuche und hackt in die Rinde oder in das Holz.
Das kurze Reviertrommeln „drrrrrrrrrr" dauert im Gegensatz zu dem anderer Spechte nur etwa eine Sekunde und findet immer an einem vertrockneten Ast oder einem anderen guten Resonanzkörper wie Dachrinnen, Antennen oder Sirenen statt. An der Länge des Trommelns kannst du verschiedene Spechtarten unterscheiden. Kleinspecht und Schwarzspecht trommeln länger, zwei bzw. drei oder mehr Sekunden.
Die Annahme, dass Späne fliegen, wenn ein Specht trommelt, kommt vermutlich aus bekannten Zeichentrickfilmen wie „Woody Woodpecker", der sich mit der schnellen Bewegung und dem ratternden Geräusch dazu im Handumdrehen eine Höhle zimmert.

Das Weibchen hat einen schwarzweißen Kopf ohne Rot.

BALZ, BAU UND BETTELN

Spechte, auch die Buntspechte, beginnen schon im Februar mit der Balz und Anfang März mit dem Höhlenbau an einem kernfaulen Baum. Während das Trommeln nur im Frühjahr zu hören ist, anstelle eines Reviergesangs, kannst du ganzjährig das sogenannte Kixen vernehmen. Im Mai sind häufig die Bettelrufe der Jungen zu hören, wenn sie kurz vor dem Ausfliegen in der Höhle lautstark, gereiht „kjek kjek kjek kjek" rufen.

BUNTSPECHT-MÄNNCHEN MIT ROT AM HINTERKOPF

Das Trommeln dient der Revierabgrenzung. Rufe hat der Buntspecht nur wenige. Bei Erregung ist sein kurzes Kixen zu vernehmen: „kix....kix“.

Das „Stadtquartett“ entdecken

Mauersegler, Stieglitz, Gartenbaumläufer und Ringeltaube bilden mein „Stadtquartett“. Bei einem Spaziergang durch die Stadt kannst du mindestens eine der Arten zwischen Häuserschluchten, Balkonen oder in den Parks und Gärten entdecken.

Stadt ist nicht gleich Stadt, aber es gibt bestimmte Merkmale, die diesen Lebensraum für viele Arten attraktiv machen: Gebäude verschiedener Höhe und Gestalt, unterschiedliche Angebote von Grünflächen, hohe Bäume an Straßen, Parks, Gärten und Hinterhöfe. Insgesamt ist der Lebensraum Stadt sehr divers und reich strukturiert. Die Abwechslung zieht viele Vögel an.

GARTENBAUMLÄUFER (> SEITE 82)

Ihn triffst du ganzjährig in Stadtparks an. Er liebt die Stellen mit den großen, alten Bäumen mit rissiger Rinde. Er singt sehr aktiv zwischen März und Juni seinen Reviergesang. Den Rest des Jahres beginnt er häufig den Gesang mit einem hohen „Did did did“, singt aber dann nicht mehr weiter. Er ist kleiner als man zunächst denkt und durch seinen rindenfarbenen Rücken gut getarnt.

STIEGLITZ (> SEITE 84)

Er mag die Alleen zwischen den Häuserreihen, Baulücken, grüne Parkplätze mit Einzelbäumen und Spielplätze. Bei einem Spaziergang durch die Stadt begegnet man ihm am ehesten in einer Siedlung aus den Siebziger- oder Achtzigerjahren. Wer in seinen Balkonkästen Wildblumen sät oder im Garten eine wilde Ecke zulässt, kann ihn vielleicht sogar anlocken.

MAUERSEGLER (> SEITE 86)

Er ist ein reiner Sommervogel und ist ziemlich genau vom ersten Mai bis zum ersten August bei uns. Er ist gern im Trupp unterwegs und jagt durch die Häuserschluchten der Innenstädte. Achte mal genau darauf, wo die Mauersegler in ihr Loch schlüpfen: Im Juli fliegen kleine Trupps unter großem Geschrei immer wieder Gebäude an. Ziel ist meist eine Nische, die für die Brut geeignet ist. Diese merken sie sich für das kommende Jahr vor und kehren dahin zurück.

RINGELTAUBE (> SEITE 90)

Eigentlich ist sie ein Zugvogel. In großen Städten bleiben einzelne Ringeltauben aber den ganzen Winter. Wie der Gartenbaumläufer ist die Ringeltaube vor allem in den Parks und Gärten anzutreffen. Im Frühjahr ruft sie schwerfällig fünf Mal „hu“ und kommt gelegentlich auf die Wiesenflächen, um Ästchen für ihr luftiges, einfaches Nest zu sammeln.

Immer mehr Städte gestalten ihre Grünanlagen naturfreundlich und lassen mal einen Blühstreifen stehen oder achten auf mehr Totholz in den Parks.

Gartenbaumläufer

Stieglitz

Mauersegler

Ringeltaube

DER GARTENBAUMLÄUFER

Klein, rundlich und mit einem langen, gebogenen Schnabel und einem Stützschwanz wie ein Specht. Durch sein rindenfarbenes Gefieder ist er super getarnt, obwohl er einen auffällig weißen Bauch hat.

STECKBRIEF

Wiss. Name: *Certhia brachydactyla*
Länge: 10,5–13,5 cm
Gesangszeit: Hauptzeit zw. März und Juni, aber ganzjährig
Gesangsaktivität: v. a. morgens, aber ganztägig

066 **Ruf**
067 **Gesang**
068 **Video**

STAMMRAUFLÄUFER

Er liebt die Rinde von großen, alten Bäumen und sucht sie nach Insekten ab, während er immer von unten nach oben spiralförmig den Stamm hinaufläuft. Ist er oben angekommen, fliegt er zum unteren Ende des Nachbarbaumes und klettert die nächste Spirale. Er sitzt so gut wie immer am Hauptstamm, eher selten im Wipfel oder auf den Seitenästen. In Städten ist er ein häufiger Vogel der Parks und Friedhöfe.

EIN EINFACHES LIED

Kennt man seine Stimme, kann man den Gartenbaumläufer gut entdecken. Ein hohes, aufsteigendes und gepfiffenes „Did did did didiridiˮ verrät seine Anwesenheit. Diesen kurzen und einfachen Gesang kann man sich gut merken, da er wenig variiert. Vollständig wird die Strophe vor allem im Frühjahr vorgetragen, im Winterhalbjahr hört man oft nur den ersten Teil, das hohe „Did did didˮ.

RINDENBEWOHNER

Der Gartenbaumläufer brütet am liebsten dort, wo Rinde vom Baum absteht und dahinter eine Nische vorhanden ist. Für ihn gibt es zudem spezielle Nistkästen, die etwas flacher sind und einen schlitzförmigen Eingang direkt am Stamm besitzen.
Eine Besonderheit sind seine Schlafgemeinschaften. Wird es im Winter kalt, stecken mehrere Individuen in einer Höhle die Köpfe zusammen, plustern sich auf und wärmen sich gegenseitig. Tagsüber gehen sie wieder getrennte Wege.

ZWILLINGSART

Der Waldbaumläufer ist die Zwillingsart des Gartenbaumläufers, etwa genau gleich groß und zum Verwechseln ähnlich. Die beiden sind daher fast unmöglich optisch auseinanderzuhalten. Wer aber die Gesänge beider Arten kennt, ist fein raus, denn die sind wunderbar zu unterscheiden.

IN SPIRALEN VON UNTEN NACH OBEN

Der Kletterkünstler fällt nur auf, wenn er ruft. Ansonsten verhält sich der Gartenbaumläufer heimlich und ist hervorragend getarnt.

DER STIEGLITZ

„Stieglitz, Stieglitz s'Zeiserl is krank!", heißt es in einem alten Kinderlied. Ein Kind bittet den Stieglitz um Hilfe, weil der Zeisig krank ist. Vermutlich weil er so toll singen kann und früher kranken Menschen ans Bett gestellt wurde, um sie zu heilen.

STECKBRIEF

Wiss. Name:
Carduelis carduelis
Länge: 12–13,5 cm
Gesangszeit: singt zw. März und Juni, ruft ganzjährig
Gesangsaktivität: ruffreudig, ganztägig

069 Ruf
070 Gesang
071 Video

„STIGLITT STIGLITT"

Er kann wunderbar singen und ist sehr „geschwätzig". Wie ein Kanarienvogel zwitschert er den ganzen Tag vor sich hin. Darum wurde er früher auch gerne gefangen und im Käfig gehalten.
Sein Kontaktruf, ein kurzes „stiglitt stiglitt", gab dem Stieglitz seinen Namen. Dieser Laut ist auch Teil seines Reviergesanges neben verschiedenen aufgeregten Trillern und Zwitschern.
Der Gesang wird gerne von einer erhöhten Singwarte aus vorgetragen. Er singt und nistet gerne auf mittelgroßen Bäumen, mit etwa vier bis sechs Meter Höhe. In Siedlungsbereichen etwa in Innenhöfen, auf Parkplätzen oder auch Spielplätzen. Auffällig ist seine bunte Färbung, neben dem roten Gesicht fällt vor allem das knallige Gelb in seinen Flügeln auf, wenn er auffliegt. Der gesellige Vogel ist sehr gerne als Trupp auf Nahrungssuche und nistet auch nicht selten in kleinen Kolonien mit bis zu fünf Nestern in lockeren Gruppen.

SAMMLER FEINER SAMEN

Der Stieglitz heißt aufgrund seiner Vorliebe für die Samen der stacheligen Pflanzen auch Distelfink. Von Löwenzahnschirmchen bis zu Erlen- und Birkensamen ist seine Nahrung breit gefächert. Untersuchungen ergaben über 150 Pflanzenarten, die von ihm abgesammelt werden. Neben einer wilden Ecke im Garten kann man in der Stadt auch seinen Balkon „stieglitzfreundlich" gestalten. Wie das funktioniert, verrät Katharina Heuberger auf ihrem Blog unter www.wildermeter.de.
Stieglitze bleiben das ganze Jahr bei uns und schließen sich im Winter zu größeren Trupps zusammen. Wer in seinem Garten ein paar Wilde Karden stehen lässt, bekommt vielleicht Besuch von einer umherziehenden Stieglitz-Gruppe.

1

2

1 Der Stieglitz liebt die Samenstände der wilden Karde. Wer sie im Garten hat, bekommt von ihm Besuch. Ans Futterhaus kommt er selten.

2 Mit seinem Pinzettenschnabel puhlt der Stieglitz gerne kleine Samen aus den Fruchtständen.

MEIN TIPP

Halte im Siedlungsbereich in Baulücken mit Wildwuchs oder außerhalb der Ortschaften auf Ackerbrachen nach ihm Ausschau. Hörst du die kurzen „Stiglitt stiglitt"-Kontaktrufe? Er singt außerdem gerne von erhöhten Warten aus.

DER MAUERSEGLER

Er ist der König der Lüfte und bestens ans Leben in der Luft angepasst. Lange Flügel, starke Oberarme und sehr kurze Beine zeigen an, dass der Mauersegler nur noch selten auf den Boden kommt.

STECKBRIEF

Wiss. Name: *Apus apus*
Länge: 17–18,5 cm
Gesangszeit:
ziemlich genau zw. 1. Mai und 1. Aug.
Gesangsaktivität: v. a. in den Morgen- und Abendstunden, ruft ganztägig

072 **Gesang**

073 **Video**

DAS „SRIIIH SRIH SRIIIH" DES SOMMERS

Ziemlich genau am ersten Mai kommt er aus seinem weit entfernten Winterquartier in Afrika zurück und erfüllt die Luft mit seinem Ruf „Sriiih srih sriiih", wenn er mit über hundert Kilometer pro Stunde durch die Häuserschluchten jagt. Dabei öffnet er seinen großen Schnabel und schnappt sich alles, was an „Luftplankton" unterwegs ist. Mit prall gefülltem Kehlsack, voller Futter geht es dann wieder zurück zu seinem Nest. Genauso wie Hausrotschwänze, Spatzen und Schwalben brüten Mauersegler seit Jahrhunderten in der Nähe des Menschen, in Nischen und Hohlräumen von Gebäuden.
Mit speziellen Nistkästen, angebracht in über fünf Meter Höhe, und mit freiem Anflug, kann man den Mauersegler gut anlocken. Er verbringt nahezu sein ganzes Leben in der Luft, nur zum Brüten landet er. Abends steigt er sogar nach oben und segelt nachts schlafend in höheren Luftschichten.

KRISENZEITEN

Regen- und Gewitterfronten sind für den Mauersegler das Schlimmste, was ihm während der Jungenaufzucht passieren kann. Während solcher Schlechtwetterperioden können die Altvögel nicht mehr in ihrer gewohnten Art und Weise jagen. Sie reagieren mit Ausweichflügen von mehreren hundert Kilometern, um Regionen mit ausreichendem Nahrungsangebot zu erreichen. Die Jungvögel überstehen diese Zeit des nasskalten Wetters und Nahrungsmangels, in dem sie in einen Hungerschlaf verfallen. Dabei sinken Körpertemperatur, Herzschlag und Atemfrequenz, um möglichst wenig Energie zu verbrauchen. Die kleinen braunen Gesellen können auf diese Weise bis zu zwei Wochen ohne Essen ruhen. Junge Mauersegler haben grundsätzlich eine verhältnismäßig lange Nestlingsphase von 35 bis zu 55 Tagen. Diese ist abhängig von den Wetterverhältnissen, der Anzahl der Jungtiere im Nest und dem Nahrungsangebot.

1

2

MEIN TIPP

Von Schwalben sind Mauersegler mit etwas Übung gut zu unterscheiden, denn sie haben keine langen Schwanzspieße wie die Rauchschwalben und keine weißen Bäuche wie die Mehlschwalben. Der Mauersegler klappt seine Flügel nicht zusammen, sondern lässt sie gestreckt. Von unten sieht er aus wie ein Sichelmond.

1 Sehr gesellig: Mauersegler sind immer gerne im Trupp unterwegs.

2 Kurze Beine und lange, kräftige Flügel: Er ist perfekt angepasst an das Leben in der Luft.

1 Mit ihren scharfen Krallen können sich Mauersegler an jeder Wand festhalten.

2 Nur zum Brüten auf der Erde, den Rest des Lebens verbringen sie in der Luft.

1

2

3 Mauersegler sind auf Nischen in Gebäuden angewiesen. Mit Nistkästen kann man ihnen gut helfen.

4 Die Mauerseglerlausfliege lebt als Parasit ausschließlich auf Mauerseglern.

3

4

FLIEGENDES BIOTOP

Auf dem Mauersegler lebt die auf ihn spezialisierte Mauerseglerlausfliege *(Crataerina pallida)*, ein Parasit. Der Lebenszyklus der Lausfliegen ist mit dem der Segler synchronisiert. Die in der Bruthöhle der Vögel abgelegten Larven schlüpfen mit den Vogelnestlingen. Die bevorzugt an Hals und Bauch der jungen Mauersegler Blut saugenden, sechs bis zehn Millimeter großen Parasiten können die Jungvögel schwächen, selten auch töten. Bis zu zwanzig Lausfliegen können es bei einem Altvogel sein. Die Parasiten werden, wenn sie erreichbar sind, offenbar nur entfernt, aber nicht gefressen. Die Mauerseglerlausfliegen können selbst nicht mehr aktiv fliegen, sondern nur noch segeln.

HÖHLEN-NACHMIETER

Eigentlich ist er ein ausgesprochener Gebäude- oder Felsbrüter. Nur an wenigen Orten in Deutschland sind Kolonien bekannt, in denen die Segler als Nachmieter in Höhlen von Bunt- und Mittelspechten brüten. Die Höhlen müssen dabei ein bestimmtes Alter und eine gewisse Fäulnis erreicht haben. Hauptgrund für das Vorkommen dort ist der Reichtum an alten Spechthöhlen, deren Innenraum über Jahrzehnte hinweg zu einer „mauerseglertauglichen" Größe ausfaulen konnte. Vielleicht gibt es dieses Verhalten auch öfters, allerdings ist es extrem schwierig, diese Höhlen zu entdecken, da die Segler lange auf Futtersuche sind und dann in Sekundenbruchteilen in die Höhle schlüpfen.

DIE RINGELTAUBE

Die weißen Halb-„Ringel“ in ihren Flügeln waren ihre Namenspaten: Sie trägt zwei auffällige weiße Flecken an den Halsseiten. Wenn sie die Flügel öffnet, kannst du die weißen Halbringe auf den Flügeloberseiten gut sehen.

STECKBRIEF

Wiss. Name:
Calumba palumbus
Länge: 38–43 cm
Gesangszeit: Hauptzeit zw. März und Juli
Gesangsaktivität: ruft ganztägig

074 **Gesang**

075 **Video**

ALLZEIT SICHTBAR

Die Ringeltaube ist unsere größte heimische Taube und war ursprünglich hauptsächlich im Wald anzutreffen, erobert aber zunehmend die Städte. Ringeltauben kannst du eigentlich immer beobachten. Viele überwintern im Mittelmeerraum. Die Tauben aus Nordeuropa ziehen im Herbst zu hunderttausenden über unsere Köpfe hinweg in den Süden. Bei uns bleiben die Ringeltauben zunehmend das ganze Jahr und ziehen nicht mehr weg.

BALZ UND BRUT

Im Gegensatz zur kleineren Türkentaube ruft sie eher selten auf Baumspitzen oder von Hausdächern, sondern sitzt dabei irgendwo versteckt auf einem Ast im oberen Drittel eines Baumes. Zur Balz gehört ein Balzflug, bei dem die Tauben schräg nach oben fliegen und dabei ihre Flügel unter dem Bauch zusammenschlagen, um danach mit offenen Flügeln herunterzusegeln. Die Ringeltaube baut ein sehr einfaches Nest, durch das man sogar von unten hindurchgucken kann, und legt anschließend zwei weiße Eier hinein.

KROPFMILCH

Tauben geben ihren Jungen „Milch“. Mit der Kropfmilch, die Männchen und Weibchen produzieren, füttern sie ihre Jungen in den ersten Tagen nach dem Schlupf. Die Kropfmilch enthält nicht nur viele Proteine und Fette, sondern auch Antikörper, die den Jungvögeln helfen, ihr Immunsystem zu stärken. Dass ist besonders in den ersten Lebenstagen wichtig, wenn die Küken noch anfällig für Krankheiten sind.

MEIN TIPP

Sie ruft: „Hör gut zu, Gud-run!“ Mit dieser Eselsbrücke kannst du dir ihren Gesang gut merken. Fünf Silben mit jeweils einem „Hu“ ergeben das „Hu hu hu hu hu“.

1

2

3

1 Bei geöffneten Flügeln sind die zwei weißen Halbringe gut zu erkennen.

2 Auch Ringeltauben „turteln" gerne.

3 Ringeltauben rufen meist versteckt aus dem Geäst. Selten sitzen sie exponiert.

Das „Dorfquartett“ entdecken

Schwalben, Star, Grünfink und Grünspecht bilden mein „Dorfquartett“. Kleinstädte und Dörfer sind meist insgesamt noch grüner und bieten mehr Strukturen und Gartenflächen als Städte. Die Übergänge zu Wiesen und Feldern machen vor allem die Randlagen artenreich.

In ländlicheren Regionen gibt es mehr unbebaute Flächen und Brachflächen. Die Häuser sind weniger hoch, die Gärten oft größer, Bauernhöfe prägen den dörflichen Charakter, aber auch Neubaugebiete gehören dazu. Die Randlagen bieten Übergänge zu Feldern, Obstwiesen und Hecken.

SCHWALBEN (> SEITE 94)

Ein Urlaub auf dem Bauernhof, der Besuch im nächstgelegenen Hofladen oder beim Reitunterricht im Gestüt: Überall sind die Schwalben präsent. Das ist der perfekte Moment, um sich Rauchschwalbe und Mehlschwalbe genauer anzuschauen. Von Ende April bis Ende Juni kannst du die beiden Arten am besten draußen beobachten.

STAR (> SEITE 98)

Wer auf dem Dorf wohnt, kennt den Star normalerweise aus seinem Garten. Wichtigstes Unterscheidungsmerkmal zur Amsel: Der Star geht und die Amsel (> Seite 52) hüpft. Um seinen glanzvollen Gesang kennenzulernen, ist der Nistkasten die beste Möglichkeit. Den kann man sowohl am Balkon anbringen als auch am Baum oder einer langen Stange im Garten oder Schrebergarten. Für die Beobachtung von Schwärmen und Flugmanövern, kannst du dich beim örtlichen Naturschutzverein (NABU oder LBV) erkundigen, wo sich im Herbst die Stare zum Schlafen einfinden.

GRÜNFINK (> SEITE 100)

Er trillert und singt das ganze Jahr. Der Grünfink ist gerne in Gärten unterwegs, die einen mehr als dreißigjährigen Baumbestand aufweisen. Dort sitzt er ganz oben auf den Baumspitzen, alternativ tut es auch eine Antenne auf einem Hausdach. Sehr gerne ist er auch auf Friedhöfen mit einzelnstehenden Nadelbäumen unterwegs.

GRÜNSPECHT (> SEITE 102)

Er kommt gerne in Gärten mit Obstbäumen, lückigem Pflaster und Blumenwiesen. Aus den Ritzen und aus der Wiese pickt er sich die Ameisenpuppen. Der Grünspecht hat meistens seine Stammplätze. Wenn man ihn einmal auf einer Wiese oder am Wegesrand beobachtet hat, ist es sehr wahrscheinlich, dass er in den nächsten Tagen wieder dort sitzt.

Dörfer haben oftmals noch mehr Grün, sind struktur- und damit auch artenreicher als Städte.

Rauchschwalbe

Star

Grünfink

Grünspecht

RAUCHSCHWALBE UND MEHLSCHWALBE

„Wenn Maria sich verkündet, Storch und Schwalbe heimwärts findet." Diese Bauernregel besagt, dass Schwalben Ende März zurückkommen. Im September fliegen sie wieder weg: „Mariä Geburt fliegen die Schwalben furt, bleiben sie noch da, ist der Winter noch nicht nah."

STECKBRIEF RAUCHSCHWALBE

Wiss. Name: *Hirundo rustica*
Länge: 17–21 cm
Gesangszeit: kehrt Anf. Apr. zurück, singt bis in den Juli
Gesangsaktivität: v. a. in der Früh um die Dämmerung, aber ganztägig

076 Ruf

077 Gesang

GLÜCKSVÖGEL

Früher waren Schwalben allgegenwärtig. Sie sind daher fester Bestandteil von Literatur, Volksliedern und Bauernregeln. Sie galten schon immer als Glücksvögel und wurden zum Marien- oder Muttergottesvogel gekürt. Bevor man wusste, dass sie in den Süden fliegen, nahm man an, sie würden im Sumpf überwintern, weil sie sich vor dem Wegzug dort im Schilf sammelten und dann plötzlich verschwunden waren.

FRÜHLINGSBOTEN

Mit ihrer Rückkehr und ihrem Gezwitscher kündigen die Schwalben den Frühling an. Die Rauchschwalben mit ihren langen Schwanzspießen kommen etwas früher an (Anfang April) als die Mehlschwalben (Mitte April) mit dem reinweißen Bauch und dem kurzen Schwanz. Mit Nisthilfen kann man beide Arten vor allem in dörflichen Gegenden unterstützen.

GESANG DER RAUCHSCHWALBE

Er wird meist auf einer Leitung oder Stange in Nestnähe vorgetragen. Typischerweise aus einem Kuhstall. Er besteht aus einer Abfolge von trillernden und zwitschernden Lauten. Der Gesang beginnt mit einem ruhigen „Tswit-tswit", gefolgt von schnellen Trillern und endet oft in einem sanften, lang gezogenen „Drrrrrrrt". Sie nistet im Inneren von Ställen und Scheunen und hat ein Nest, das einer Schale gleicht, also nach oben offen ist.

GESANG DER MEHLSCHWALBE

Er ist kürzer und besteht aus einem Mix von gepressten und trillernden Tönen. Ihr Gesang ist weniger melodisch, einfacher als der der Rauchschwalbe und klingt eher gleichmäßig. Mehlschwalben nisten unter den Dachvorsprüngen von Gebäuden. Wie die Rauchschwalbe

1

2

MEIN TIPP

Die Rauchschwalbe brütet in Ställen, die Mehlschwalbe außen. Die Rauchschwalbe hat lange Schwanzspieße, die Mehlschwalbe nicht, dafür einen weißen Bürzel. Die Rauchschwalbe singt ruhig „Tswit-tswit", gefolgt von schnellen Trillern und einem lang gezogenen „Drrrrrrrt". Die Mehlschwalbe singt weniger schön, kürzer, gepresst, trillernd und gleichmäßig.

3

1 Im Flug siehst du gut die wunderschönen Schwanzspieße der Rauchschwalbe.

2 Die treue Partnerschaft hält mindestens für eine Saison.

3 Standorttreu: Nach ihrem Winterurlaub in Südafrika kehren Rauchschwalben fast immer zum gleichen Brutplatz zurück.

STECKBRIEF MEHLSCHWALBE

Wiss. Name: *Delichon urbicum*
Länge: 13,5–15 cm
Gesangszeit: Hauptzeit ab Mai bis Aug.
Gesangsaktivität: ruft ganztägig

078 Ruf

079 Gesang

klebt sie ein Nest aus Lehmkugeln zusammen. Bis zu 1500 Mal muss sie dafür zu einer geeigneten Pfütze fliegen, um feuchten Lehm aufzunehmen, um ihr geschlossenes Nest an die Außenmauer zu kleben.

NISTPLATZTREUE

Schwalben sind dafür bekannt, zu ihren alten Nistplätzen zurückzukehren. Das heißt, dass sie nach ihrer langen Reise sofort ein Nest haben. Auch wenn das Nest beschädigt ist, reparieren sie es lieber, als ein neues zu bauen. Schwalbenpaare kommen normalerweise gemeinsam zurück. Wenn ein Vogel nicht überlebt hat, findet sich ein neuer Partner am Brutplatz.

FLEISSIGE INSEKTENFÄNGER

Ist das Nest fertig, beginnen die Schwalben mit der Brut. Je nach Witterung können beide Arten bis zu drei Bruten im Jahr großziehen.

1

1 Süßes Detail: Mehlschwalben haben Federchen auf ihren Füßen.

2 Vom Pfützenrand holen sie Lehm für den Nestbau.

2

Bis zu drei Bruten pro Jahr zieht die Mehlschwalbe in ihrem Kugelnest auf.

Dafür müssen die Schwalbeneltern genug Insekten für sich und ihre Jungen fangen. Pro Jahr fängt eine Schwalbenfamilie rund 250.000 Insekten. Daher nisten Schwalben bevorzugt in der Nähe von Tierställen und Gewässern. Beide Arten treten ihren Herbstzug ungefähr Anfang September an.

SPEKTAKULÄRE SCHWALBENRETTUNG

Im September 1974 fand in Süddeutschland eine der spektakulärsten Tierrettungsaktionen statt. Ein Kälteeinbruch führte dazu, dass Rauch- und Mehlschwalben keine Nahrung mehr fanden und für den Zug nach Süden zu geschwächt waren. Flugzeugpiloten berichteten beim Überfliegen der Alpen von schwarzen Flecken im Schnee, welche sich als tote Schwalben herausstellten. Viele Helfer fingen die stark unterernährten Schwalben ein, fütterten sie und verpackten sie vorsichtig in Kisten und Kartons. Fast zwei Millionen Schwalben wurden mit Auto, Bahn oder Flugzeug in den Süden Europas transportiert und in Italien und Frankreich freigelassen. Bei der Aktion halfen sogar Feuerwehr, Polizei und Bundeswehr.

DER STAR

Ein Meistersänger! Bis zu 70 verschiedene Vogelarten kann er nachmachen, hinzu kommen viele Geräusche, von Handyklingeltönen bis hin zur Trillerpfeife eines Schiedsrichters.

STECKBRIEF

Wiss. Name: *Sturnus vulgaris*
Länge: 19–22 cm
Gesangszeit: März bis Juni
Gesangsaktivität: ganztägig

080 **Ruf**

081 **Gesang**

VIRTUOSE UND IMITATOR

Der Star hat wirklich ein großes Gesangsspektrum. Das zu wissen, hilft aber meist nicht viel, wenn man die anderen nachgemachten Vogelstimmen auch noch nicht kennt. Wichtiger ist es daher, zu wissen, dass er einen sehr abwechslungsreichen und variierenden Gesang hat, bestehend aus vielerlei Pfeif-, Schnarr- und Klicklauten. Jedes Frühjahr wird in Ornithologenkreisen erneut gerätselt, ob der Pirol schon Anfang April zurückgekehrt ist. Am Ende ist es doch wieder ein Reinfall und es war der Star, der den schönen Flötenton des Pirols geschickt in seinen Gesang eingebaut hat. Der Pirol selbst kommt erst im Mai aus Afrika zurück (siehe Seite 116). Mit seinem Talent schafft es der Star sogar, die Künstliche Intelligenz von Vogelbestimmungsapps hinters Licht zu führen. Nimmt man seinen Gesang mit „BirdNET“ & Co. auf, zeigt die Technik häufig auch Turmfalke, Pirol, Wachtel oder sonstige Arten an, die der Star nachgemacht hat.

GROSSER SHOWDOWN

Der Star ist ein Zugvogel, der im Mittelmeerraum seinen Winter verbringt. Bevor die Stare nach Süden ziehen, sammeln sie sich zu zigtausenden im August und September bei uns in Schilfgebieten, um dort gemeinsam zu übernachten. Abend für Abend vollbringen sie kunstvolle Schwarmflüge bevor sie zum Schlafen ins Schilf einfallen. Das Spektakel, das als „Murmuration“ bezeichnet wird, ist sehr spektakulär. Im Internet kannst du danach suchen und findest sicher auch einen Schlafplatz in deiner Nähe. Durch den Klimawandel bedingt, verbringen immer mehr Stare den Winter bei uns und sind, vor allem in Städten, am Futterhäuschen anzutreffen.

1

1 Wunderschön gefärbt: Der Star macht seinem Namen alle Ehre.

2 Vor der Überwinterung im Mittelmeerraum sammeln sich die Stare bei uns zu tausenden.

2

MEIN TIPP

Stare kannst du sehr gut beim Singen beobachten, weil sie dabei am liebsten aufgerichtet stehen, zum Beispiel auf ihrem Nistkasten, und ihre Darbietung mit kreisenden Flügelbewegungen unterstützen.

DER GRÜNFINK

Er zwitschert das ganze Jahr, fast immer auf der Spitze eines Nadelbaumes. Zur Brutzeit ist sein Gesang vielfältig und schön. Außerhalb der Brutzeit kann es sein, dass er einen einzigen Ton stundenlang wiederholt.

STECKBRIEF

Wiss. Name: *Carduelis chloris*
Länge: 14–16 cm
Gesangszeit: ganzjährig aktiv rufend, ausgeprägter Gesang zur Brutzeit zw. März und Juni
Gesangsaktivität: ruft ganztägig

082 **Ruf**

083 **Gesang**

VERKAPPTES TALENT

Manchmal kann seine Stimme richtig auf die Nerven gehen. Im Garten meiner Eltern war es ein gepresstes, lang gezogenes „eeeeöööööööö", das der dort ansässige Grünfink Jahr für Jahr von der Spitze derselben Birke von sich gegeben hat. Andernorts ist es ein lang gezogener, ansteigender Pfiff. Dabei hat der Grünfink so viel mehr zu bieten: ein kanarienvogelartiges Trillern „didididid, düdüdüdüd", oftmals begleitet von einem Singflug durch sein Revier. Dabei schlägt er kraftvoll, aber langsam mit den Flügeln und gleicht einer eleganten Fledermaus.

GRÜN MIT DICKEM SCHNABEL

Der Grünfink kommt vor allem im Siedlungsbereich des Menschen vor, in Gärten, Parks und Kleingartenanlagen. In Feld und Flur ist er nicht so häufig.
Der grüne Vogel mit den knallgelben Flügelstreifen belegt hinter dem Kernbeißer Platz zwei bei der Schnabeldicke der heimischen Finken. Er ist hauptsächlich Vegetarier und knackt Samen und Kerne. Er liebt besonders Hagebutten und Sonnenblumenkerne. Finkenvögel wie Stieglitz und Grünfink lieben die wilden Ecken im Garten. Große Sonnenblumen, Wilde Karden oder Hagebutten, die im Herbst Samen und Früchte tragen, ziehen auch Vogelarten an, die zu den normalen Futterstellen nicht kommen.

TÜCKISCHE KRANKHEIT

Grünfinken sind sehr anfällig für Krankheiten, die sich an Futterstellen und Vogeltränken verbreiten. Alle Jahre wieder kommt es zu massenhaftem Sterben durch den Erreger *Trichomonas gallinae*. Daher beim Füttern von Vögeln besonders auf die Hygiene achten. Wer einen toten Vogel bei sich findet, sollte Fütterung und Tränke gründlich reinigen und einige Zeit pausieren. Wichtig ist vor allem, dass das Futter nicht feucht wird.

1

MEIN TIPP

Suche die Spitzen von Nadelbäumen ab. Wenn der Grünfink singt, sitzt er fast immer genau da.

2

3

1 Am liebsten sitzt der Grünfink auf einer Baumspitze.

2 Das Weibchen sitzt eher versteckt und führt ein heimliches Leben.

3 Platz zwei belegt er in der Kategorie Schnabeldicke gleich hinter dem Kernbeißer.

DER GRÜNSPECHT

„Ich glaube, ich habe einen Papagei in meinem Garten!“ Das ist häufig die Reaktion, wenn Menschen in ihrem Garten einen Grünspecht entdecken: am Rücken saftig grün, ein bisschen gelb und am Kopf feuerrot.

STECKBRIEF

Wiss. Name: *Picus viridis*
Länge: 30–36 cm
Gesangszeit: Balzruf zw. März und Mai, Ruf ganzjährig
Gesangsaktivität: ganztägig

084 Ruf

085 Gesang

086 Video

NICHT ZU ÜBERHÖREN

Er ist so lang wie ein großes Lineal, also etwa dreißig Zentimeter, und hat eine Spannweite von einem halben Meter, alles in allem etwa so groß wie ein Eichelhäher. Mindestens so auffällig wie sein Gefieder sind die Geräusche, die der Grünspecht ausstößt. Ein freches, lautes Lachen „Gü gü gü gü“ oder „Klü klü klü klü“. Ab Februar beginnt die Balz, Höhepunkt seiner Rufaktivität. Ein Trommelwirbel bleibt aus, denn der Grünspecht trommelt nur selten. Beim Rufen sitzt er meist am Hauptstamm im oberen Drittel des Baumes.

BAUMWAHL

Wie andere Spechte auch, meißelt er seine Höhle in große, alte Bäume. Obwohl er einen kräftigen Schnabel hat, sucht er sich gezielt dicke Äste oder Stellen am Stamm, die innen angefault sind und deren Holz schön weich ist. Um herauszufinden, welcher Platz für die Höhle geeignet ist, klopft er das Holz ab. Dort, wo es sich dumpf und hohl anhört, fängt er an zu hacken. Spechte „schädigen“ also keinen gesunden Baum, sondern suchen sich gezielt abgestorbene, kranke Bäume.

AMEISENJÄGER

Der Grünspecht sucht seine Beute auf dem Boden, das ist für einen Specht eher ungewöhnlich. Er gehört zu den Erdspechten und hat sich auf Ameisennester spezialisiert. Mit seiner zehn Zentimeter langen, mit Widerhaken bestückten, klebrigen Zunge zieht er Ameisen und ihre Puppen aus dem Bau. Hochrechnungen haben ergeben, dass ein einzelner Grünspecht bis zu 2.000 Ameisen und ihre Puppen pro Tag frisst. Dank seiner ausgezeichneten Orientierung schafft es der Standvogel, der bei uns überwintert, sogar bei geschlossener Schneedecke seine Ameisennester zu finden.

1

2

3

1 Der Grünspecht, hier ein Weibchen, gehört zu den Erdspechten und sucht seine Nahrung hauptsächlich am Boden.

2 Mehrere 100.000 Ameisen und -puppen verfüttern die Grünspechte pro Saison an ihren Nachwuchs.

3 Der männliche Grünspecht hat Rot im Backenfleck, das Weibchen hat hier nur einen schwarzen Streifen (siehe oben).

Das „Felder- und Wiesenquartett“ entdecken

Feldlerche, Goldammer, Mäusebussard und Turmfalke bilden mein „Felder- und Wiesenquartett“. Überall da, wo es ins Offenland geht, sind diese Arten anzutreffen. Bei einem Winterspaziergang fehlt lediglich die Feldlerche, denn sie ist ein Zugvogel und kommt erst im März zurück.

Vom Dorf ist es nicht mehr weit, um den Vögeln in Feldern, Wiesen und in Hecken nachzuspüren. Ob große Wiese oder Ackerland: Die landwirtschaftlich genutzte Kulturlandschaft ist auf jeden Fall auch Heimat vieler Vogelarten, vor allem, wenn sie reich strukturiert ist. Die Sicht ist weit, die Fläche groß. Los geht´s.

FELDLERCHE (> SEITE 106)

Ab Anfang März kann man sich vielerorts noch über ihren Gesang freuen. Die Feldlerche ist in den offenen, weitestgehend unbewaldeten Landschaften zu Hause und überall dort zu finden, wo es noch Ackerwildkräuter oder Kieswege mit einem artenreichen Saum zwischen den Feldern gibt. Sie singt hoch oben im Flug und ist schwer zu lokalisieren. Wenn du sie finden möchtest, musst du mehrere Minuten in den Himmel starren. Irgendwann entdeckst du den singenden Punkt.

GOLDAMMER (> SEITE 108)

Die Goldammer liebt artenreiche Hecken. Sie sitzt fast das ganze Jahr mit ihrem Partner im selben Gebüsch. Wer für seinen Spaziergang oder die regelmäßige Gassirunde immer dieselbe Strecke über Wiesen und Felder läuft, kann sich an ihrer zuverlässigen Anwesenheit erfreuen. Während das Pärchen im Winter lieber geschützt im Inneren des Gebüsches sitzt, präsentiert sich das Männchen ab März oben auf der Spitze, um seinen wunderbaren Gesang verlauten zu lassen.

MÄUSEBUSSARD (> SEITE 110)

Im Winter sitzen Mäusebussarde mit Vorliebe auf Straßenpfosten, du siehst sie aber auch auf Ackerflächen. Im Frühjahr ziehen sie überall ihre Kreise, vor allem über Wiesen, um nach Mäusen Ausschau zu halten oder über Baumbeständen zu balzen. Hinzu kommt bei der Balz der typische langgezogene „Hiäää“-Ruf.

TURMFALKE (> SEITE 112)

Das Rütteln ist sein Alleinstellungsmerkmal. Turmfalken stehen sowohl im Winter als auch im Sommer mit flatternden Flügeln wie angepinnt in der Luft. Die ausgesprochenen Mäusejäger stürzen sich dann mit den Krallen voran nach unten. Häufiger als im Sommer jagt der Falke im Winter vom Ansitz aus, um Energie zu sparen. Im Frühjahr kommt sein nasaler „Ki ki ki ki“-Ruf dazu.

Wiesen und Hecken: Offene Lebensräume können sehr artenreich sein, wenn sie extensiv bewirtschaftet werden.

Feldlerche

Goldammer

Mäusebussard

Turmfalke

DIE FELDLERCHE

Feldlerchen gab es früher wie Sand am Meer. Blumenreiche Wiesen und Weiden waren für sie das Paradies. Mangelnde Insektennahrung und die intensive Landwirtschaft haben sie vielerorts verdrängt.

STECKBRIEF

Wiss. Name: *Alauda arvensis*
Länge: 18–19 cm
Gesangszeit: März bis Juni
Gesangsaktivität: v.a. um die Dämmerung aktiv, singt ganztägig

087 **Ruf**

088 **Gesang**

FRÜHAUFSTEHERIN

Sie liebt die offene Landschaft und ist oftmals nicht zu sehen, wenn sie vor sich hin tiriliert. Ihr Lied, das sie im Flug in großer Höhe vorträgt, ist zur Balzzeit fast den ganzen Tag zu hören. Sie beginnt im Morgengrauen zu singen und ist somit einer der ersten Tagesboten. Deshalb wird auch allgemein der Schlaftyp der Frühaufsteher als „Lerche" bezeichnet.

GESANG IN GROSSER HÖHE

Mit einer speziellen Atemtechnik, die der Kreisatmung eines Didgeridoospielers gleicht, schafft sie es, mehrere Minuten lang durchzusingen, wobei die hohen, trillernden und flötenden Töne in schneller Folge vorgetragen werden. Während sie singt, steigt sie in schwindelerregende Höhen von bis zu vierhundert Metern auf. Ein langer Feldlerchengesang umfasst bis zu siebenhundert Motive, die teilweise wiederholt werden, teilweise werden auch Gesänge oder Rufe von anderen Vögeln nachgemacht.

MEIN TIPP

Achte in der offenen Feldflur mit Wiesen, Äckern, bunten Feldwegrändern und vereinzelten Feldgehölzen auf ihren Gesang – dort ist sie zu Hause.

IM FILM

Wunderbare Bilder aus dem Familienleben der Feldlerche in einer artenreichen Wiese zeigt die Naturdoku „Die Wiese – Ein Paradies nebenan" von Nautilusfilm.

„Auf zum Himmel steigt die Lerche! Singt ein Lied aus voller Brust, schmetternd klingt es durch die Lüfte und verkündet Freud und Lust!"

von Georg Christian Dieffenbach

1 Singflug: Minutenlang steht die Feldlerche in der Luft und singt ununterbrochen.

2 Aussichtspunkt: Auf einem Stein oder Zaunpfahl steht sie gerne, um den Überblick zu behalten. Dagegen sitzt sie auf dem Nest in der Wiese geduckt und gut versteckt.

1

2

DIE GOLDAMMER

„Wie, wie, wie, wie, wie hab ich dich lieeeb“ ist der deutsche Merkspruch für ihren Gesang und „Little bit of bread and no cheeeeese“ der englische.

STECKBRIEF

Wiss. Name:
Emberiza citrinella
Länge: 15,5–17 cm
Gesangszeit:
März bis Juni
Gesangsaktivität:
singt ganztägig

089 **Ruf**
090 **Gesang**
091 **Video**

VOGEL DES OFFENLANDES

Die Goldammer ist ein Charaktervogel der offenen Landschaften mit Hecken, Büschen und Bäumen. Während das Weibchen etwas schlichter gefärbt ist, macht das Männchen mit seinem goldgelben Gefieder dem Namen alle Ehre. Beim Singen sitzt der Hahn so gut wie immer exponiert auf einem dürren Ast oben auf der Hecke oder außen an einem größeren Baum. Früher war die Goldammer allgegenwärtig und inspirierte mit ihrem Lied Komponisten wie Ludwig van Beethoven zu seiner fünften Symphonie.
Mit dem Verschwinden der Heckenstrukturen aus unserer Landschaft sind auch die Goldammerbestände geschrumpft. Ohne Gebüsche und Säume fehlen Nahrungsgrundlage und Versteckmöglichkeiten für die Nester.

NEST UND BALZ

Das Nest wird vom Weibchen kunstvoll aus zusammengetragenen Grashalmen in Bodennähe oder direkt am Boden geflochten. Das ist nicht ungefährlich, da hier unmittelbar Gefahr durch Katzen und Hunde besteht.
Das Männchen beteiligt sich nicht am Nestbau, animiert aber dazu mit einem bestimmten Balzverhalten. Bei der sogenannten „Halmbalz“ nimmt das Männchen mit dem Schnabel mehrere trockene Gräser auf und präsentiert diese dann dem Weibchen. Manchmal singt es dabei sogar leise vor sich hin.

DIALEKTE

Wenn es um Dialekte geht, ist die Goldammer ganz vorn mit dabei. In dem weltweiten Citizen Science Projekt „Yellowhammer dialects“ wurden über 10.000 Aufnahmen aus 28 Ländern ausgewertet. Dabei konnten insgesamt 16 verschiedene Dialekte in unterschiedlich großen Regionen festgestellt werden. Sie alle werden auf der Homepage www.yellowhammers.net dargestellt.

1

MEIN TIPP

Die Goldammer singt tatsächlich den ganzen Tag, auch an heißen Sommertagen, und ihr Gesang fällt daher in Feldern und Wiesen auf. Schnell hast du das singende Männchen auf seinem exponierten Platz entdeckt. Es singt in etwa: „Wie, wie, wie, wie, wie hab ich dich lieeeb.“

2

3

1 Das Männchen sitzt beim Singen fast immer auf der Busch- oder Baumspitze.

2 Das Weibchen versteckt sich eher im Inneren der Gebüsche.

3 Hier erkennst du gut den rostbraunen Bürzel (Schwanzansatz).

DER MÄUSEBUSSARD

Der Mäusebussard ist der häufigste heimische Greifvogel. Er ist ein ausgesprochener Wühlmausjäger und ergreift seine Beute hauptsächlich vom Ansitz.

STECKBRIEF

Wiss. Name: *Buteo buteo*
Länge: 46–58 cm
Gesangszeit: ruft ganzjährig
Gesangsaktivität: ganztägig
092 **Ruf**

TYPISCH

„Hiiiiäääääääää", der lang gezogene Ruf des Mäusebussards ist sehr verbreitet und öfters zu hören, als der Vogel zu sehen ist. Hörst du den Ruf, solltest du am besten nach oben sehen. Typischerweise kreist er mit aufgespannten Flügeln über den Baumwipfeln der Wälder. Mäusebussarde gibt es in fast allen Farbvarianten, von ganz weiß bis fast ganz schwarz und alle erdenklichen bräunlichen Muster dazwischen.

BALZ UND BRUT

Im Frühjahr kann man zudem seinen beeindruckenden Balzflug beobachten. Abwechselnd stürzen Weibchen und Männchen mit angewinkelten Flügeln einander nach und lassen sich dabei bis zu 50 Meter nach unten fallen. Mit ausgebreiteten Flügeln fangen sie den Sturz ab und kreisen im nächsten Moment wieder nach oben. Die Balz findet meist in Horstnähe statt. Die meisten Bussardpaare haben mehrere Horste, die sie von Jahr zu Jahr abwechselnd herrichten und benutzen. Die nicht benutzten Nester bieten anderen Arten wie Turmfalken und Waldohreulen die Möglichkeit zur Nachmiete. Im Anschluss an das Flugspiel der Mäusebussarde erfolgt die Paarung. Maximal vier bis fünf Eier werden in den relativ kleinen Horst gelegt. Nach über einem Monat schlüpfen daraus die Jungen, die knapp 50 Tage im Nest bleiben. Je nach Nahrungsangebot schwankt die Anzahl der flüggen Jungen.

BEUTE

Als Nahrung dienen dem Beutegreifer vor allem Wühlmäuse. Manchmal stürzt er sich auch auf Regenwürmer und zieht bei passendem Wetter beachtliche Mengen aus der Erde.

MEIN TIPP

Im Frühjahr kannst du ihn am häufigsten am Himmel kreisend beobachten. Im Sommer steht er auf den gemähten Wiesen oder auf Stoppelfeldern. Im Winter triffst du ihn oft am Straßenrand auf Pfosten sitzend und auf Verkehrsopfer wartend.

1

2

1 Mäusebussarde treten in allen Farbvarianten auf, von fast weißen bis dunkelbraunen Vögeln.

2 Typisches Verhalten: Der Mäusebussard kreist stundenlang über seinem Revier.

3 Ansitzjäger: Häufig sitzt der Mäusebussard auf Pflöcken und jagt von dort aus Mäuse.

3

DER TURMFALKE

Der Turmfalke ist unser häufigster Falke, etwa straßentaubengroß aber wesentlich schlanker, bräunlich gefärbt mit schwarzen Punktereihen. Er hat spitze, schlanke Flügel und einen langen Schwanz.

STECKBRIEF

Wiss. Name:
Falco tinnunculus
Länge: 31–77 cm
Gesangszeit: ganzjährig
Gesangsaktivität: ganztägig
093 **Ruf**

SCHREIHALS

Der Turmfalke ist sehr ruffreudig und macht lautstark mit einem gereihten „Kikikikikikiki" auf sich aufmerksam. In Nestnähe sind häufig Bettellaute zu hören, die auch von den Eltern ausgestoßen werden, etwas wimmernd „wrrrriiiii.... Wrrrriiiii". Dieser Ruf ist auch noch nach der Brutsaison zu hören, wenn die Falken in Familienverbänden umherstreifen und die Jungen immer wieder ihre Eltern anbetteln.

NISTPLATZ

Wie alle Falken baut der Turmfalke kein eigenes Nest und nistet mit Vorliebe in Nischen von Burgen und Türmen. Geht das nicht, nimmt er verlassene Krähennester oder Greifvogelhorste.

RÜTTELFLUG

Normalerweise sind Mäuse die Hauptnahrung des Turmfalken, die er im bekannten „Rüttelflug", dem Fliegen auf der Stelle in etwa zehn Metern Höhe, mit anschließendem Sturzflug erbeutet. Da Turmfalken fünf Farbsehzelltypen besitzen – der Mensch hat nur drei –, können sie UV-Licht besser wahrnehmen. Das ermöglicht es ihnen, im Winter frische Urinspuren von Mäusen zu entdecken und so an der perfekten Stelle zu rütteln.

WENN KRÄHEN „HASSEN"

Turmfalken in Städten haben sich teilweise auf das Plündern von Nestern anderer Vogelarten wie Krähen spezialisiert. Krähen wissen das und schlagen Alarm, sobald sie einen Turmfalken erblicken. Je näher der Falke an das Nest kommt, desto heftiger wird er attackiert. Während es meistens bei Scheinangriffen ohne Berührung bleibt, kann es im Ernstfall auch zu Schnabelhieben kommen. Dieses Angriffsverhalten wird in der Vogelkundlersprache „hassen" genannt. In diesem Fall wäre der Wortlaut also „Krähen hassen auf Turmfalken".

1

1 Männlicher Turmfalke mit grauer Kappe bei der Jagd vom Ansitz

2 Der Turmfalke jagt seine Mäuse gerne aus dem Rüttelflug. Dabei steht er flatternd an einer Stelle in der Luft.

3 Das Weibchen ist insgesamt stärker gefleckt und weniger farblich gezeichnet. Es hat kein Grau am Kopf.

2

3

Das „Fluss- und See-quartett“ entdecken

Pirol, Sumpfrohrsänger, Eisvogel und Blässhuhn bilden mein „Fluss- und Seequartett“. Die vier vorgestellten Arten rufen oder singen entlang von Gewässern und reihen sich direkt an „Die wilden 13“ an. Eigentlich ist es ein Quintett, denn das Teichhuhn hat sich noch hineingemogelt.

Zum Vögelbeobachten und zum Stimmenlernen an Flüsse, Bäche, Seen, Teiche und in andere Feuchtgebiete zu gehen, ist sehr zu empfehlen. Denn dort gibt es zum einen sehr viele Vogelarten, zum anderen sind sie teilweise sehr speziell an diese verschiedenen Lebensräume angepasst. Pirol und Eisvogel sind zudem die farblichen Highlights unserer Vogelwelt und ihre Rufe der Schlüssel für ihre Beobachtung.

PIROL (> SEITE 116)

Sein „Didldu iio“ hört sich ein bisschen so an wie ein gepfiffener Jodler. Dieser Ruf vom Pirol ertönt aus den Baumkronen von Auwäldern und hohen Pappelreihen. Wer diesen Ruf nicht kennt, hat so gut wie keine Chance, den Vogel zu sehen. Trotz seiner knalligen Färbung ist er im Blätterdach so gut wie unsichtbar.

SUMPFROHRSÄNGER (> SEITE 118)

Ich möchte ihn hier stellvertretend für alle anderen Rohrsänger vorstellen. Er ist der häufigste Rohrsänger und auch außerhalb von Schilfbeständen zu finden. Mit Abstand hat er den abwechslungsreichsten Gesang und ist ein Meister im „Spotten“, also im Nachahmen der Gesänge anderer Arten. Genauso wie der Pirol ist er ein Zugvogel und erst ab Mai bei uns zu hören.

EISVOGEL (> SEITE 120)

Ertönt ein scharfer „Ziiiiith“-Pfiff an Gewässern, solltest du sofort deinen Blick Richtung Wasseroberfläche richten. Es ist gut möglich, dass jeden Moment der „fliegende Diamant“ wie ein Pfeil geradlinig übers Wasser jagt. Der Eisvogel ist kleiner als man denkt, wenn man ihn nur von Fotos kennt, aber wunderschön gefärbt.

BLÄSSHUHN (> SEITE 122)

Es ist auf und neben dem Gewässer aktiv und ganzjährig zu beobachten. Ein nasales „Krep krep“ und manchmal ein scharf gepfiffener Ton sind von ihm gelegentlich zu hören. Gestalt und Farbe machen es unverkennbar. Verwechseln kann man es nur mit dem Teichhuhn, deshalb stelle ich es hier noch mit vor.

An Fluss und See findest du die Bewohner der Auwälder, Gewässer und feuchten Gebüsche.

Pirol

Sumpfrohrsänger

Eisvogel

Blässhuhn

DER PIROL

Der Pirol ist unser amselgroßer „Paradiesvogel“. Das Weibchen hängt als hochbegabte Flechterin ein kunstvolles Nest in die Astgabel. Das knallgelbe Männchen hüpft flötend durch die Baumkronen.

STECKBRIEF

Wiss. Name: *Oriolus oriolus*
Länge: 22–24 cm
Gesangszeit: Mai bis Juli
Gesangsaktivität: ruft ganztägig

094 Ruf

095 Gesang

096 Video

AUFFÄLLIGES „DIDLIO“

Den Pirol würde vermutlich kaum jemand entdecken, wäre da nicht sein auffälliger Gesang. Er ist nahezu ausschließlich im Blätterdickicht der Baumkronen unterwegs und dort trotz seiner Färbung nahezu unsichtbar. Tatsächlich ist er mit seiner Färbung in sonnendurchfluteten Baumkronen schwer auszumachen. Das geflötete „Didlio“ oder „Didlilüoh“ ist ab Anfang Mai vor allem in den Auwäldern der Flussniederungen und Pappelreihen der Feuchtgebiete zu hören.

SOMMERVOGEL

Der Pirol ist ein Sommervogel, der sich nur drei Monate im Jahr bei uns aufhält. Er kommt in der ersten Maiwoche aus Afrika zurück. Manchmal ist sein Ruf schon wesentlich früher im Jahr zu hören. Dahinter steckt der Star, der den gelben Vogel ganz ausgezeichnet nachmachen kann. Bei allen April-Pirolen also unbedingt genau hinschauen!

REGENBADEN

Spektakulär beim Pirol ist das Regenbaden. Dabei nutzt der Vogel Regenschauer, um sein Gefieder zu reinigen. Einen Ast umklammernd, lässt sich der Pirol nach hinten in eine fledermausartige Stellung fallen und bleibt kopfüber hängen. Dabei öffnet er die Flügel und lässt sich beregnen, teilweise sogar durchtränken. Abschließend schwingt er sich mit einem Flügelschlag wieder in die Ausgangsposition, um sein Gefieder zu trocknen und zu ordnen.

LORIOT

Bernhard-Viktor „Vicco“ Christoph-Carl von Bülow war der bürgerliche Name des berühmten Humoristen Loriot. Er stammte von dem Adelsgeschlecht „von Bülow“ ab, welches den Pirol im Wappen trägt. Da Pirol auf Französisch Loriot heißt, kam er wohl so auf seinen Künstlernamen. Ob der Vogel so viel Humor hat, wie Vicco von Bülow oder Loriot hatte, ist nicht bekannt :).

1

1 So schön wie hier siehst du den Pirol leider selten. Im Blätterdickicht der Baumkronen ist er kaum auszumachen.

2 Das Pirolweibchen lebt noch unauffälliger und ist nur sehr selten zu sehen.

2

MEIN TIPP

Es ist nicht schwer, den Gesang des Pirols nachzupfeifen. Du kannst das versuchen, wenn du einen Pirol rufen hörst. Mit etwas Glück kommt er näher und du kannst ihn besser beobachten. Aber nicht übertreiben! Er hält dich für einen Eindringling und das verursacht Stress. Daher ist das Anlocken mit Vogelstimmen von Geräten laut Bundesnaturschutzgesetz verboten.

DER SUMPFROHRSÄNGER

Der Sumpfrohrsänger schafft es, bis zu 90 verschiedene Gesänge anderer Vogelarten in seinen Gesang einzubauen, und ist so Spitzenreiter unter den heimischen Vögeln.

STECKBRIEF

Wiss. Name:
Acrocephalus palustris
Länge: 13–15 cm
Gesangszeit: Mai bis Juli
Gesangsaktivität:
ganztägig aktiv, singt auch nachts

097 **Ruf**

098 **Gesang**

UNERMÜDLICHER SÄNGER

Ab Anfang Mai ist vielerorts sein vielfältiger, nicht endender Gesang zu hören, oftmals sogar nachts. Jetzt beginnt die beste Zeit, nämlich die Brutzeit von Mai bis Juli, um den Sumpfrohrsänger zu beobachten und seinen Gesang zu studieren. Nun sind die Männchen besonders aktiv und singen fast ununterbrochen. Beim Singen sitzt der Sumpfrohrsänger im Gebüsch und ist kaum zu sehen. Wer ihm zuhört, kann vielleicht das Tschilpen der Spatzen oder das Betteln der Turmfalken aus seinem Gesang raushören. Vermutlich gelingt das aber auch nicht bei allen Arten, da er sich einen größeren Teil seiner Gesänge von Vögeln aus dem Überwinterungsgebiet in Afrika angeeignet hat.

GUT VERSTECKT

So markant seine Stimme ist, so unscheinbar ist der Vogel. Weibchen und Männchen sind gleich gefärbt, oberseits grünlich olivbraun, die Unterseite rahmfarben. Die meisten Rohrsänger sitzen im Schilf. Der Sumpfrohrsänger ist in Bezug auf den Lebensraum am anspruchslosesten. Er gibt sich auch mit einem größeren Brennnesselgebüsch zufrieden oder sitzt in einem Goldrutenbestand. Äußerst kunstvoll flechtet er sein Nest zwischen die Stängel, im Vergleich zu den anderen Rohrsängern hängt es nie über dem Wasser, sondern an Land.

KUCKUCKSKIND

So gut das Nest auch getarnt sein mag, einer findet es – der Kuckuck. Sumpfrohrsänger sind beim Kuckuck als Wirtsvögel sehr beliebt. In manchen Gebieten können bis zu zehn Prozent aller Sumpfrohrsängernester ein Kuckucksei enthalten. Man möchte gar nicht meinen, dass ein Jungkuckuck in so einem kleinen Nest Platz findet, immerhin ist der Kuckuck am Ende fast so groß wie ein Turmfalke. Dank der Flechtkunst der Sumpfrohrsänger, hält das Nest sowas aber aus. Der Gesang färbt auf den Kuckuck übrigens nicht ab, der bleibt bei seinem monotonen „Kuckuck kuckuck“.

1

1 So schlicht das Aussehen des Sumpfrohrsängers ist, so auffällig ist sein Gesang.

2 Egal wie gut der Sumpfrohrsänger sein Nest versteckt, der Kuckuck findet es und legt sein Ei hinein. Heran wächst ein riesengroßes Kuckuckskind.

2

DER EISVOGEL

Da der Eisvogel auf Fotos oft formatfüllend abgebildet wird, wirkt er größer als er ist. Tatsächlich ist er kleiner als eine Amsel und trotz seiner auffälligen Farben nicht leicht zu entdecken, außer man kennt seinen Ruf.

STECKBRIEF

Wiss. Name: *Alcedo atthis*
Länge: 16–18 cm
Gesangszeit: ruft ganzjährig
Gesangsaktivität: ruft ganztägig

099 **Ruf**
100 **Video**

ANSITZJÄGER

Der Eisvogel liebt klare, langsam fließende oder stehende Gewässer, an denen er auf Ästen oder anderen Ansitzen über dem Wasser sitzt und nach Beute Ausschau hält. Entdeckt er einen Fisch, stürzt er sich blitzschnell ins Wasser, um ihn zu fangen. Diese Jagdtechnik und sein auffälliges Gefieder machen ihn zu einem fliegenden Juwel in unseren Flusslandschaften.
Der Eisvogel benutzt gerne seine angestammten Sitzwarten, wenn er am Wasser entlangpatrouilliert, besonders exponierte Brückengeländer, Pfosten oder Äste, die über das Wasser ragen. Ob ein Ast regelmäßig benutzt wird, erkennt man an weißen Kotspuren. In der Nähe von so einem Ast kannst du dich mal eine Stunde mit dem Fernglas auf die Lauer legen und drauf hoffen, dass er vorbeikommt.

BRUTRÖHRE IN DER UFERBÖSCHUNG

Das Nest des Eisvogels befindet sich am Ende einer selbst gegrabenen Röhre von über einem Meter Länge. Dafür sucht er sich eine sandige Stelle in der Uferböschung oder an einem Hang. Dort legt das Weibchen fünf bis sieben weiße Eier. Beide Elternteile kümmern sich um das Brüten und die Aufzucht der Jungen.
Beobachte durch dein Fernglas genau, wie der Eisvogel seinen erbeuteten Fisch im Schnabel hält. Trägt er ihn mit dem Fischkopf nach vorne im Schnabel, ist er für die Jungen bestimmt, anders herum frisst er ihn selbst. So wird das Fischlein immer mit dem Kopf voran verschluckt.
Nach etwa drei bis vier Wochen verlassen die Jungen das Nest und sind bald darauf selbstständig.

MEIN TIPP

Seine Stimme solltest du dir unbedingt einprägen. Das erhöht die Chance, ihn zu Gesicht zu bekommen. Ist sein durchdringender, gepfiffener Ruf „ti-ti-ti“ zu hören, schnell Richtung Gewässer blicken, dort flitzt er in etwa einem Meter Höhe über die Wasseroberfläche.

1

2

1 Stoßtaucher: Vom Ansitz aus stürzt der Eisvogel Kopf voran ins Wasser und erbeutet einen Fisch.

2 Farbenprächtig: Der Eisvogel ist einer der schönsten heimischen Vögel, ein fliegender Diamant.

BLÄSSHUHN UND TEICHHUHN

Blässhuhn und Teichhuhn teilen sich den Lebensraum. Auf den ersten Blick ähnlich, beide sind dunkel. Das Blässhuhn ist weiß an Blesse und Schnabel, das Teichhuhn ist rot an Stirnschild und Schnabel.

STECKBRIEF BLÄSSHUHN

Wiss. Name: *Fulica atra*
Länge: 38–42 cm
Gesangszeit: ruft ganzjährig
Gesangsaktivität: ruft ganztägig
101 **Ruf**

DAS BLÄSSHUHN

Ganz schwarz, haushuhngroß mit charakteristischem weißen Stirnschild, der Blesse: Das Blässhuhn ist bei uns der häufigste Wasservogel. Es mischt sich gerne am Parkteich unter die Stockenten, ist auch an Land unterwegs aber hauptsächlich im Wasser.
Man kann es ganzjährig gut beobachten, im Frühjahr in Pärchen auch auf kleinen Gewässern unterwegs und im Winterhalbjahr zu tausenden an großen Gewässern. Da kommen zu unseren heimischen noch Blässhühner aus dem Norden dazu, die bei uns überwintern.

Mit Anlauf

Das Blässhuhn kann nicht direkt senkrecht vom Gewässer auffliegen und muss daher Anlauf nehmen. Wenn es losfliegt oder nur kurze Strecken zurücklegt, rennt es über das Wasser. Es schlägt mit den Flügeln und läuft los, mit den Hautlappen zwischen den großen Zehen lautstark aufs Wasser patschend. Es ernährt sich von Wasserpflanzen, Insekten und kleinen Fischen, die es im flachen Wasser und in Ufernähe findet. Dabei taucht es unter und muss ziemlich strampeln, um nach unten zu gelangen. Durch den starken Auftrieb poppt es regelrecht wieder aus dem Wasser hoch, mit dem Schnabel voller Pflanzen vom Gewässergrund.

Kämpfe in der Brutzeit

Das Blässhuhn ist bekannt dafür, dass es während der Brutzeit gerne aggressiver auftritt und andere Wasservögel energisch aus seinem Revier vertreibt. Auch untereinander gibt es heftige Kämpfe, teilweise auch unter Paaren. Was mit Drohgebärden beginnt, endet nicht selten in einem Zweikampf. Zwei Rivalen richten sich voreinander auf, stellen sich auf den Schwanz, spreizen die Flügel nach hinten ab, schlagen heftig mit den Füßen gegeneinander. Sowohl im Wasser als auch an Land kannst du das beobachten.

1

MEIN TIPP

Das Blässhuhn ist kein Gesangskünstler, aber seinen Ruf kannst du sofort erkennen. Ein nasales „Krep krep“ und manchmal ein scharf gepfiffener Ton. Im Frühsommer hörst du an Brutgewässern noch das Fiepen der Jungen, wenn sie ihre Eltern um Futter anbetteln.

2

3

1 Blässhuhn auf dem Eis: Im Winter häufig und immer leicht zu erkennen.

2 Aggressives Verhalten und Kämpfe der Blässhühner untereinander sowie mit anderen Wasservögeln sind nicht selten.

3 Immer hungrig: Das Fiepen der Jungen (noch ohne Weiß) ist häufig schon von Weitem zu hören.

STECKBRIEF TEICHHUHN

Wiss. Name:
Gallinula chloropus
Länge: 30–33 cm
Gesangszeit:
ruft ganzjährig
Gesangsaktivität:
ruft ganztägig

102 **Ruf**

DAS TEICHHUHN

Es sieht ähnlich aus wie das Blässhuhn, ist etwas kleiner, ebenfalls ziemlich dunkel und teilt sich den Lebensraum mit ihm. Den Unterschied machen die unglaublich großen grünen Füße, ein markantes rotes Stirnschild und der rote Schnabel mit gelber Spitze. Es schwimmt kaum auf dem offenen Wasser, sondern läuft lieber am Gewässerufer entlang und wippt beim Laufen auffällig mit dem Schwanz, der unterseits weiß ist. Die Nistplatzsuche dauert beim Teichhuhn etwas länger, zuerst bauen Männchen und Weibchen ein paar Nester auf Probe.

1 Das kleinere Teichhuhn liebt die reichhaltige Ufervegetation.

2 Offene Wasserflächen überquert das Teichhuhn meist geduckt. Im Ufergestrüpp fühlt es sich wohler.

3 Beeindruckende Füße: Wegen der Beinfarbe wird es auch das „Grünfüßige Teichhuhn“ genannt.

1

2

3

Geschickter Läufer und Kletterer

Im Gegensatz zum Blässhuhn bewegt sich das Teichhuhn geschickt und leicht zwischen den Pflanzen am Ufer. Bei Gefahr durch stöbernde Hunde am Gewässerrand flüchtet es auch gerne mal auf einen Baum.

Unerforschte Rufe

Im umfangreichen vogelkundlichen Werk „Handbuch der Vögel Mitteleuropas", es umfasst über 14 Bände mit 15.718 Buchseiten, steht: „Die Kenntnisse des Stimminventars des Teichhuhns sind immer noch mit einigen Unsicherheiten belastet und haben seit NAUMANN (1838*) kaum wesentliche Fortschritte erzielt." Schade eigentlich. Im Jahr 2017 wurde mir nachts ein Ruf über die Vogelstimmenhotline geschickt, den ich nicht identifizieren konnte. Ein kurzer Ruf an einem Mühlbach. Ich habe lange gerätselt und unter anderem Vogelstimmenerkennnungs-Apps zurate gezogen – ohne Erfolg. Nachdem ich einige hundert Aufnahmen auf der Vogelstimmenplattform www.xeno-canto.org durchgehört hatte, kam ich schlussendlich auf das Teichhuhn.

MEIN TIPP

Achte mal auf den bekanntesten Ruf des Teichhuhns. Es ist ein „Kürrrk" oder „Kürrrr", das sowohl vom Männchen als auch vom Weibchen gerufen wird.

Das „Waldquartett“ entdecken

Tannenmeise, Kleiber, Zaunkönig und Schwarzspecht bilden mein „Waldquartett“. Im Wald spielt sich das Vogelleben viel in den Baumkronen ab. Mehr als woanders bist du hier auf dein Gehör angewiesen. Ein paar markante Gesänge und Rufe dieser vier Arten ergänzen „Die wilden 13“.

Du siehst den Wald vor lauter Bäumen nicht. Ja, und wir sehen ausgerechnet in der Brutsaison von März bis Juli die Vögel vor lauter Blättern nicht. Es hilft also, mit offenen Ohren durch den Wald zu gehen. Am beeindruckendsten sind die Gesänge der verschiedenen Arten in den frühen Morgenstunden. Toll ist es, wenn du in dieser Zeit einen erfahrenen Vogelstimmenkenner auf einem Waldspaziergang begleiten kannst.

TANNENMEISE (> SEITE 128)

Das „Wieze wieze wieze“ der Tannenmeise ist im Nadelwald allgegenwärtig. Während der Zaunkönig nur in Bodennähe aktiv ist, sitzt die Tannenmeise versteckt ganz oben im Geäst. Bei ihr gibt es zwei Möglichkeiten, entweder du freust dich einfach nur über ihren Gesang und gibst dich damit zufrieden, oder du starrst längere Zeit in die Baumkronen und versuchst, den kleinen Vogel irgendwie mit dem Fernglas einzufangen – aber Vorsicht: Genickstarre droht :).

KLEIBER (> SEITE 130)

Der Kleiber ist nicht nur im Wald unterwegs, sondern auch in Parks und Gärten. Wichtig sind ihm ein paar ältere Bäume. Er ist das ganze Jahr sehr aktiv und ruffreudig. Der maskierte Kletterkünstler kann als einziger heimischer Vogel kopfüber am Stamm nach unten klettern.

ZAUNKÖNIG (> SEITE 132)

Klein wie eine Maus, flink wie ein Wiesel und braun wie der Waldboden. Rastlos hüpft der Zaunkönig zwischen Asthaufen und Wurzelstöcken umher. Oftmals siehst du nur ein Huschen im Augenwinkel und hörst vielleicht noch das kurze „Trrrrt“. Der Zaunkönig ist also eher unauffällig unterwegs. Wenn es aber im Frühjahr um sein Revier geht, dreht er richtig auf und schmettert sein Lied so laut wie fast kein anderer.

SCHWARZSPECHT (> SEITE 134)

Der Schwarzspecht ist in ganz Mitteleuropa verbreitet, das heißt, er kommt in den meisten Wäldern vor. Je natürlicher und totholzreicher der Wald, desto häufiger ist er. Wenn er plötzlich vom Waldboden auffliegt, denkt man aufgrund von Färbung und Größe eher an eine Krähe als an einen Specht. Seine Rufe tönen ganzjährig durch den Wald, trommeln tut er nur im Frühjahr.

Am artenreichsten sind ältere Laubmischwälder. Aber auch in artenärmeren Wäldern triffst du das „Waldquartett“.

Tannenmeise

Kleiber

Zaunkönig

Schwarzspecht

DIE TANNENMEISE

„Wieze wieze wieze – [Pause] – wieze wieze wieze – [Pause] –“ oder „däizi, däizie, däizie – [Pause].“: Einmal eingeprägt, wirst du ihren Gesang recht häufig wahrnehmen, auch wenn der Vogel nicht zu sehen ist.

STECKBRIEF

Wiss. Name: *Periparus ater*
Länge: 10–11,5 cm
Gesangszeit: singt März bis Juli
Gesangsaktivität: singt ganztägig

103 Ruf

104 Gesang

105 Video

IN NADELWÄLDERN

Die Tannenmeise hält sich das ganze Jahr bei uns auf, zur Brutzeit – zwischen März und Juni – vor allem in Nadelwäldern. Vereinzelt auch im Siedlungsbereich, in Parks und Friedhöfen mit Fichtenbestand. Am besten lernst du ihren Gesang beim Wandern durch Nadelwälder der Mittel- und Hochgebirge. Im Aussehen ähnelt die Tannenmeise der Kohlmeise, hat aber einen großen weißen Nackenfleck und keinen schwarzen Bauchstreif.

BRUT

Die Tannenmeise nistet wie ihre Verwandten in Baumhöhlen und Nistkästen und zieht dort beachtlich viele Junge groß. Zwei bis drei Jahresbruten mit bis zu zehn Eiern pro Brut sind möglich. Zur Fortpflanzung der Tannenmeise gab es im Jahr 2006 eine bahnbrechende Veröffentlichung. Über genetische Vaterschaftstests hatten Biologen der Universität Bonn herausgefunden, dass Tannenmeisen gerne fremdgehen. Auch wenn sich die meisten Partner ein Leben lang treu bleiben, sind nicht alle Jungen im Nest von dem Vater, der sie aufzieht.

Sie turnt gerne auf den äußeren Fichtenspitzen.

NAHRUNG

Die Jungen werden fast ausschließlich mit Insekten gefüttert. Im Laufe des Herbstes stellt die Tannenmeise ihre Nahrung wieder auf vegetarisch um. Im Winter ernährt sie sich hauptsächlich von Fichtensamen. Manchmal wagt sie auch den Ausflug in die Großstadt und kommt zusammen mit Blau-, Kohl- und Sumpfmeisen und Kleibern in die Innenstädte, um die Futterhäuschen abzuklappern.

1

2

1 Kleiner, gesangsfreudiger Piepmatz: Die Tannenmeise ist fast das ganze Jahr über zu hören.

2 Auf die Schnelle kannst du sie mit der Kohlmeise verwechseln. Die Tannenmeise ist aber kleiner, nicht so gelb und hat einen deutlichen weißen Nackenfleck.

MEIN TIPP

Das ist die perfekte Vogelstimme deiner nächsten Bergtour. Beim Wandern kannst du sie dir wunderbar einprägen: „Wieze wieze wieze – [Pause] – wieze wieze wieze – [Pause] –“ oder „däizi, däizie, däizie – [Pause].“ Der Gesang ist nicht so variabel wie der von Blau- und Kohlmeise und daher wesentlich leichter zu lernen.

DER KLEIBER

Der Kleiber hat eine markante schwarze Maske und klettert flink die Bäume hoch und runter. Den Eingang seiner Wohnung klebt er so zu, dass nur noch er selbst rein kann.

STECKBRIEF

Wiss. Name: *Sitta europaea*
Länge: 12–14,5 cm
Gesangszeit: singt Feb. bis Juni, ruft ganzjährig
Gesangsaktivität: ruft ganztägig

106 Ruf

107 Gesang

108 Video

KLEIBER KOMMT VON „KLEBEN"

Er ist Nachmieter in Spechthöhlen und anderen Schlupflöchern. Damit größere Räuber ihm nicht das Nest leerräumen oder gar selbst besetzen, klebt er den Eingang mit kleinen Lehmkügelchen zu. Das Ganze verhärtet zu einer betonartigen Masse und verhindert das Eindringen von Star & Co.

EINZIGARTIGER MOVE

Mit zwei nach vorn und zwei nach hinten gerichteten Zehen an jedem Fuß ist er der einzige heimische Vogel, der die Bäume nicht nur hoch, sondern auch nach unten klettern kann. Das ermöglicht ihm, Spinnen und Insekten an Stellen aus der Rinde zu ziehen, wo sonst keiner hinkommt.

IN PARKS UND WÄLDERN

Der Kleiber ist ein Standvogel, das heißt, er ist das ganze Jahr bei uns. Daher kommt er manchmal auch an die Futterstelle im Garten, wo er mit Vorliebe Sonnenblumenkerne stibitzt und sie im nächsten Baum geschickt unter seinen Fuß klemmt und aufhackt. Eigentlich ist der Kleiber ein ausgesprochener Wald- und Parkvogel, ist im Winter aber gerne im besiedelten Bereich. Dabei schließt er sich Meisentrupps an, die gemeinsam durch die Gegend ziehen.

AUF KORSIKA

Dass sich auf Inseln neue Arten bilden können, wissen wir seit Charles Darwin. In Europa hätte man das allerdings nicht erwartet. Mit dem kleineren Korsenkleiber gibt es in Korsika eine endemische, das heißt, nur dort vorkommende Vogelart. Das Männchen des Korsenkleibers hat einen schwarzen Scheitel und einen schwarzen Augenstreif, beim Weibchen sind diese Stellen grau. Wer also im nächsten Urlaub nach Korsika fährt, sollte dort unbedingt die Augen offenhalten.

1

2

3

1 Der Kleiber verkleinert durch Zukleben den Eingang seiner Nisthöhle.

2 Der Korsenkleiber ist endemisch auf Korsika, das heißt, er kommt nur dort vor.

3 Er ist der einzige heimische Vogel, der den Stamm kopfüber nach unten klettern kann.

MEIN TIPP

Beim Singen sitzt der Kleiber fast immer in der Nähe seiner Höhle, auf einem Ast im Inneren der Baumkrone. Seine Stimme ist sehr laut und einprägsam. Redselig wie er ist, macht er das ganze Jahr mit verschiedensten Pfeif- und Fieplauten auf sich aufmerksam. Kaum kommt der Frühling, beginnt er mit seinem Reviergesang: ein klar gepfiffenes „Piiiuu piiiuu piiiuu“ oder „Tuuuuiit tuuuuiitt“.

DER ZAUNKÖNIG

Die Lautstärke seines Gesanges ist vergleichbar mit der eines anfahrenden LKWs. Der kleine Vogel schmettert, was das Zeug hält, und gehört damit, im Verhältnis zur Größe, zu den lautesten Vögeln in Europa.

STECKBRIEF

Wiss. Name: *Troglodytes troglodytes*
Länge: 9–10,5 cm
Gesangszeit: Hauptzeit ist März bis Juni, aber ganzjährig, singt vereinzelt
Gesangsaktivität: v. a. in den Morgenstunden, singt ganztägig

109 Ruf

110 Warnruf

111 Gesang

112 Video

KOMPLEXER GESANG

Häufig sieht man nur ein Huschen, irgendwas kleines Braunes schlüpft durch den Holzstapel oder im Garten unters Gebüsch. Gut zu sehen ist der Zaunkönig nur, wenn er singend auf seiner Singwarte sitzt. Die ist meist wenige Meter über dem Boden, auf einem Zaunpfahl, Holzstapel oder einem Ast. Der Gesang setzt sich aus einer komplexen Abfolge aus hohem, schnellem Rattern und Trillern zusammen und ist mehrere Sekunden lang. Besonders ist, dass er das ganze Jahr über sein Revier verteidigt und sogar im Winter singt, wenn fast alle anderen Vögel verstummt sind.

WARNRUFE

Auffällig häufig sind auch seine Warnrufe: ein kurzes Schnarren „Trrrrrrt" oder gereihtes, hohes „Tick tick tick tick".

BODENBEWOHNER

Mit seinen kurzen, abgerundeten Flügelchen ist der Zaunkönig kein besonders guter Flieger und hält sich daher immer in Bodennähe auf. Er frisst kleine Insekten und Spinnen, die er in Nischen und Holzstapeln sucht.

KUGELNESTER

Das Männchen baut im März äußerst kunstvoll geflochtene Nestkugeln aus weichem Moos, Blättern und Ästchen, maximal so groß wie ein Handball. Am liebsten flechtet er das Nest in die Wurzeln umgestürzter Bäume. Bis zu sieben sogenannte Spielnester (Rohbauten) errichtet ein Zaunkönigmännchen pro Saison. Erst wenn sich die Zaunkönigdame für ein Nest entschieden hat, wird dieses innen mit Federchen und Härchen ausgepolstert und für die Brut hergerichtet.

1

1 Fünf bis acht Eier legt das Zaunkönigweibchen, da gibt es viele Schnäbel zu stopfen.

2 Der Zaunkönig ist immer gern in Bodennähe unterwegs und sammelt Spinnen und kleine Insekten.

3 Klein aber oho! Seinen Gesang mit bis zu 90 Dezibel kann man bis zu 500 Meter weit hören.

2

3

MEIN TIPP

Achte auf aufgestellte Wurzelteller im Wald. Die sind bei ihm besonders beliebt und man kann ihn dort gut beobachten.

DER SCHWARZSPECHT

Bis zu 10.000 Späne produziert ein Schwarzspecht beim Bau einer Bruthöhle. Dabei hackt er kräftig ins Holz und du hörst ein klopfendes Geräusch. Das lange Trommeln auf trockenen Ästen dient rein der Revierabgrenzung.

STECKBRIEF

Wiss. Name: *Dryocopus martius*
Länge: 43–50 cm
Gesangszeit: ruft ganzjährig, trommelt zw. Feb. und Mai
Gesangsaktivität: ruft ganztägig

113 Ruf

114 Trommeln

115 Video

RUFEN UND TROMMELN

Schon ab Februar beginnt der Schwarzspecht mit der Balz. Er kann beides, rufen und trommeln. Sein Revier grenzt er mit einer längeren Rufreihe ab, die der des Grünspechts sehr ähnlich ist: „kwo-ih-kwoih-kwi-kwi-kwi-kwikwikwik-wikwi ...“ Sein Trommelwirbel schallt ebenfalls ziemlich weit und ist von denen anderer Spechte gut an der Länge zu unterscheiden. Drei bis fünf Sekunden dauert sein Wirbel, der Kleinspecht trommelt zwei bis drei Sekunden und der Buntspecht nur eine Sekunde. Auffällig ist zudem das abfallende, klagende „Kijäääh“ oder „Kliöööööö“.

ZIMMERMANN

Der Schwarzspecht spielt eine wichtige Rolle im Ökosystem, da die von ihm geschaffenen Höhlen von vielen anderen Tierarten zur Nachmiete genutzt werden. Kernfaule Rotbuchen sind seine Lieblingsbäume, wenn es um den Höhlenbau geht. Fast einen Monat braucht er, um seine Höhle in einem kahlen Buchenstamm in etwa fünf bis zehn Metern Höhe zu zimmern.

NAHRUNGSSUCHE

Immer wieder, besonders im Winterhalbjahr, findet man in Nadelwäldern frische, große Höhlen am Stammfuß von Fichten. Es ist die Arbeit eines Schwarzspechtes. Hier war er aber auf Nahrungssuche. Im Inneren der kernfaulen Fichte befinden sich Rossameisen, die sich von unten in den Stammfuß hineingefressen haben. Auf ihre proteinreichen Puppen ist der Specht besonders scharf und scheut daher nicht die Mühe, den kompletten Baum aufzuhacken.

TOTHOLZ

Wie alle Spechtarten profitiert auch der Schwarzspecht von mehr Totholz in den Wäldern. Seit einigen Jahren sind Waldbesitzer angehalten, alte Höhlenbäume in ihren Wäldern stehen zu lassen, was sich sehr positiv auf viele Vogelarten, vor allem auf Spechte, auswirkt.

1

MEIN TIPP

Im Wald hörst du sehr laut und auffällig ab Februar seinen langen Ruf zur Reviereabgrenzung: „kwoih-kwoih-kwi-kwi-kwi-kwikwikwikwikwi ..." Sein Trommelwirbel ist drei bis fünf Sekunden lang, länger als der anderer Spechtarten. Das abfallende „Kijääähh" oder „Kliöööööö" ist auch sehr charakteristisch.

3

2

1 Am liebsten schlägt der Schwarzspecht seine Höhlen in alte, kernfaule Buchen.

2 Abwechseln ist angesagt: Beim Höhlenbau und beim Füttern sind beide Elternteile aktiv.

3 Hungrig warten die fast flüggen Jungvögel in der Höhle.

SERVICE

NÜTZLICHE ADRESSEN

ORGANISATIONEN

- **NABU (Naturschutzbund Deutschland) e. V.**
  www.nabu.de
- **LBV – Landesbund für Vogelschutz in Bayern e. V.**
  www.lbv.de
- **BUND – Bund für Umwelt und Naturschutz Deutschland e. V.**
  www.bund.net
- **DDA – Dachverband Deutscher Avifaunisten**
  www.dda-web.de/ornitho/
- **BirdLife Österreich – Gesellschaft für Vogelkunde**
  www.birdlife.at
- **Schweizer Vogelschutz SVS/ BirdLife Schweiz**
  www.birdlife.ch

VOGEL- UND NATURSCHUTZBEDARF

- **NABU-Shop**
  CJ WildBird Foods Europe BV
  www.nabu-shop.de
- **Pauls Mühle**
  www.pauls-muehle.de
- **SCHWEGLER Vogel- und Naturschutzprodukte GmbH**
  www.schwegler-natur.de
- **Strobel Naturschutzbedarf**
  www.naturschutzbedarf-strobel.de
- **Vivara Naturschutzprodukte**
  www.vivara.de
- **Welzhofer GmbH**
  www.welzhofer.de

HILFREICHE LINKS

- **Meine Website**
  www.dervogelphilipp.de
- **Vogelstimmenhotline**
  www.dervogelphilipp.de/vogelstimmenhotline
- **Birdingplaces – Der freie Onlineführer für Vogelbeobachtung**
  www.birdingplaces.eu
- **Darstellung der Jahresaktivität einiger Vogelarten**
  www.eurobirdportal.org.
- **NocMig: Das akustische Aufzeichnen des nächtlichen Vogelzugs**
  www.hgon.de/beobachten/monitoring/nocmig
- **Vogelstimmenplattform**
  www.xeno-canto.org
- **Wilder Meter: Das Online-Magazin für Ihren Natur-Balkon** von Katharina Heuberger
  www.wildermeter.de
- **„Yellowhammer dialects“ zu den Gesangsdialekten der Goldammer**
  www.yellowhammers.net
- Schau auch mal auf **Social Media** bei: @chriskaula, @KalleNibbenhagen, @ornithologiefueranfaenger, @leanderkhil und @vogelguckerin

EMPFEHLENSWERTE MEDIEN

BÜCHER

- Barthel, P. H./Dougalis, P. (2023): Was fliegt denn da? Das Original. Alle Vogelarten Europas. Kompakte Bestimmungsübersicht über alle die Vögel Europas. 200 Seiten, KOSMOS
- Khil, L. (2020): Handbuch Vögel beobachten. Ausrüstung und Technik, Vorbereitung und Praxis. 304 Seiten, KOSMOS
- Khil, L. (2021): Vögel Österreichs. 390 Arten erkennen und beobachten. 368 Seiten, KOSMOS
- Mischitz, V. (2024): Birding für Ahnungslose. Wie du Vögel in dein Leben lässt. 136 Seiten, KOSMOS
- Mullen, P./Karwinkel, F. (2023): Das NABU-Vogelbuch. 315 Vogelarten Deutschlands einfach bestimmen. Mit über 1.000 einzigartigen Fotos. 272 Seiten, KOSMOS
- Schmid, U. (2024): Welcher Gartenvogel ist das? 100 Arten erkennen und beobachten. 192 Seiten, KOSMOS
- Singer, D. (2022): Was fliegt denn da? Der Fotoband. 346 Vogelarten Europas. 400 Seiten, KOSMOS
- Svensson, L. et al. (2023): Der Kosmos-Vogelführer. Alle Arten Europas, Nordafrikas und Vorderasiens. Das Standardwerk für die Bestimmung aller Vogelarten Europas und darüber hinaus. 480 Seiten, KOSMOS

Die meisten Kosmos-Bücher sind zudem auch als E-Book erhältlich.

NÜTZLICHE APPS

- **App KOSMOS-PLUS (siehe Klappe außen)**
- **Der Kosmos-Vogelführer**
- **Merlin Bird ID**
- **BirdNET**
- **Vögel Europas – Was fliegt denn da?**
- **Vögel füttern und erkennen**

APP-CODES IN ALPHABETISCHER REIHENFOLGE DER ARTEN

App-Code	Art	Seite
029	Amsel, Gesang	19, 52
026	Amsel, Ruf	52
030	Amsel, Video	52
028	Amsel, Warnruf „tick, tick, tick"	25, 52
027	Amsel, Warnruf „Zieeeh"	25, 52
014	Bergfink, Ruf	41
101	Blässhuhn, Ruf	122
021	Blaumeise, Gesang	48
020	Blaumeise, Ruf	48
022	Blaumeise, Video	48
051	Buchfink, Gesang	22, 37, 70
050	Buchfink, Regenruf	70
052	Buchfink, Video	70
063	Buntspecht, Ruf	78
064	Buntspecht, Trommeln	78
065	Buntspecht, Video	78
005	Eichelhäher, Warnruf	25
099	Eisvogel, Ruf	120
100	Eisvogel, Video	120
088	Feldlerche, Gesang	106
087	Feldlerche, Ruf	106
045	Feldsperling, Gesang	66
044	Feldsperling, Ruf	66
046	Feldsperling, Video	66
057	Fitis, Gesang	73
056	Fitis, Ruf	73
067	Gartenbaumläufer, Gesang	23, 82
066	Gartenbaumläufer, Ruf	82
068	Gartenbaumläufer, Video	82
006	Gartenrotschwanz, Gesang	27
008	Girlitz, Gesang	31
090	Goldammer, Gesang	22, 108
089	Goldammer, Ruf	108
091	Goldammer, Video	108
058	Grauschnäpper, Gesang	75
083	Grünfink, Gesang	100
082	Grünfink, Ruf	100
085	Grünspecht, Gesang	102
084	Grünspecht, Ruf	102

App-Code	Art	Seite
086	Grünspecht, Video	102
039	Hausrotschwanz, Gesang	60
038	Hausrotschwanz, Ruf	60
040	Hausrotschwanz, Video	60
048	Haussperling, Gesang	68
047	Haussperling, Ruf	68
049	Haussperling, Video	68
004	Höckerschwan, Fluggeräusch	24
107	Kleiber, Gesang	130
106	Kleiber, Ruf	130
108	Kleiber, Video	130
024	Kohlmeise, Gesang	51
023	Kohlmeise, Ruf	51
025	Kohlmeise, Video	51
015	Kranich, Ruf	41
016	Kuckuck, Ruf	45
019	Lachmöwe, Ruf	45
072	Mauersegler, Gesang	86
073	Mauersegler, Video	86
092	Mäusebussard	110
079	Mehlschwalbe, Gesang	96
078	Mehlschwalbe, Ruf	96
042	Mönchsgrasmücke, Gesang	62
041	Mönchsgrasmücke, Ruf	62
043	Mönchsgrasmücke, Video	62
009	Nachtigall, Gesang	31
003	Ortolan, Gesang	23
095	Pirol, Gesang	116
094	Pirol, Ruf	116
096	Pirol, Video	116
017	Rabenkrähe, Ruf	45
077	Rauchschwalbe, Gesang	94
076	Rauchschwalbe, Ruf	94
074	Ringeltaube, Gesang	90
075	Ringeltaube, Video	90
036	Rotkehlchen, Gesang	56, 59
035	Rotkehlchen, Ruf	56
037	Rotkehlchen, Video	56
113	Schwarzspecht, Ruf	134

App-Code	Art	Seite
114	Schwarzspecht, Trommeln	134
115	Schwarzspecht, Video	134
007	Seidenschwanz, Ruf	28
032	Singdrossel, Flugruf	25, 54
033	Singdrossel, Gesang	54
031	Singdrossel, Ruf	54
034	Singdrossel, Video	54
001	Sommergoldhähnchen, Gesang	20
081	Star, Gesang	98
080	Star, Ruf	98
070	Stieglitz, Gesang	84
069	Stieglitz, Ruf	84
071	Stieglitz, Video	84
018	Stockente, Ruf	45
098	Sumpfrohrsänger, Gesang	118
097	Sumpfrohrsänger, Ruf	118
104	Tannenmeise, Gesang	11, 128
103	Tannenmeise, Ruf	128
105	Tannenmeise, Video	128
102	Teichhuhn, Ruf	124
060	Türkentaube, Gesang	76
062	Türkentaube, Handpfeife Video	77
059	Türkentaube, Ruf	76
061	Türkentaube, Video	76
093	Turmfalke	112
002	Uhu, Gesang	20
012	Waldkauz, Gesang	34
013	Waldohreulen, Schreie der Ästlinge	38
011	Wiedehopf, Gesang	31
111	Zaunkönig, Gesang	8, 132
109	Zaunkönig, Ruf	132
112	Zaunkönig, Video	132
110	Zaunkönig, Warnruf	24, 132
054	Zilpzalp, Gesang	72
053	Zilpzalp, Ruf	72
055	Zilpzalp, Video	72
010	Zwergohreule, Gesang	31

REGISTER DER VOGELARTEN

Die **fett** gedruckten Seitenzahlen verweisen auf die ausführlichen Artporträts, die normal gedruckten Zahlen verlinken auf weitere Seiten, auf denen die Arten im Foto zu sehen sind.

BILDNACHWEIS

Mit 226 Farbfotos: 1 von **AGAMI/Pixabay** (S. 71 o.); 1 von **AGAMI/Adobe Stock** (S. 131/2); 1 von **Alexas Fotos/Pixabay** (S. 45 Mitte re.); 1 von **Mabel Amber/Pixabay** (S. 13); 1 von **Andyworks/iStock** (S. 55); 1 von **Angela/Pixabay** (S. 57/2); 1 von **arweltatty/Pixabay** (S. 99 o.); 1 von **Imran Ashraf/Adobe Stock** (S. 20 u.); 1 von **avs_lt/Adobe Stock** (S. 87 o.,); 2 von **Yuriy Balagula/iStock** (S. 37/1, 87 u.); 2 von **Heiko Bellmann/Frank Hecker** (S. 54 u., 89 o. li.); 2 von **bertvthul/Pixabay** (S. 5 o., 127 o.); 2 von **Markus Brindl** (S. 105 Mitte re., 109/3); 14 von **Wolfgang Buchhorn/Frank Hecker** (S. 20 o., 45 o., 47 o. li., 64 o., 65 r., 72, 77 u., 103 u. li., 119 o., 127 u. re., 128 u., 129 o., 135 u., 144); 1 von **Sergio Cerrato/Pixabay** (S. 68); 3 von **Christiane/Pixabay** (S. 127 Mitte li., 28 u., 33 u. re.); 1 von **DESIGNBYTHOLEN/Pixabay** (S. 102); 1 von **didier aires/Pixabay** (S. 5 u. re.); 1 von **Die Berlinerin/Pixabay** (S. 108); 1 von **dp1616/Pixabay** (S. 64 u.); 1 von **Susanne Edele/Pixabay** (S. 95 u.); 1 von **Erni/Shutterstock** (S. 97); 1 von **Marco Federmann/Pixabay** (S. 115 u. li.); 2 von **Heiko Fischer** (S. 41 o. li., 81 o.); 1 von **fotoparus/Adobe Stock** (S. 117 u.); 1 von **Frauke Riether/Pixabay** (S. 100 u.); 1 von **g.c./Pixabay** (S. 31 o.); 1 von **Robert Groß** (S. 12); 4 von **Holger Haag** (S. 17 alle drei, 105 o.); 41 von **Frank Hecker** (S. 8, 24 o. li., 28 o., 33 o., 41 o. re., 41 u. re., 46 u. re., 47 o. re., 47 u. Mitte li., 47 u. re., 50 o. li., 50 o. re., 51, 57 u., 62, 63 o., 63 u., 65 li., 67, 69 u., 71 u., 73 u., 75 o. re., 78 o., 78 u., 81 u. re., 88 u., 89 o. re., 93 u. li., 94, 99 u., 105 u. li., 111 o. li., 115 o., 118, 127 u. li., 129 u., 131 o. li., 132, 133 o.); 4 von **Philipp Herrmann** (S. 14, 59 u., 75 o. li., 75 u. re.); 2 von **Manfred Höfer** (S. 81 Mitte li., 82); 1 von **Andreas Hoja/Pixabay** (S. 109/2); 1 von **Ingo Jakubke/Pixabay** (S. 93 o.); 1 von **Medgyesi Jenö/Pixabay** (S. 85 u.); 1 von **jggrz Juergen/Pixabay** (S. 49); 1 von **jlaswilson/Pixabay** (S. 84); 1 von **juergen/Pixabay** (S. 45 Mitte li.); 1 von **Erik Karits/Pixabay** (S. 38); 1 von **KASZUBA/Pixabay** (S. 37/2); 1 von **Helga Kattinger/Pixabay** (S. 37/3); 3 von **Leander Khil** (S. 23 re., 46 u. li., 50); 1 von **koala0815/Pixabay** (S. 79); 1 von **Christoph Kolberg** (S. 19 u.); 1 von **Frantisek Krejci/Pixabay** (S. 60 u.); 1 von **lawsonbe/iStock** (S. 77 o.); 3 von **Frank Leo/fokus-natur.de** (S. 31 Mitte li., 86, 134); 1 von **Leopold13/Pixabay** (S. 22 re.); 1 von **Alfred Limbrunner** (S. 115 Mitte li.); 1 von **Lubos Houska/Pixabay** (S. 130); 1 von **luis_w./Pixabay** (S. 90 Mitte); 2 von **Sander Meertins/Adobe Stock** (S. 57/1, 100); 1 von **Sander Meertins/iStock** (S. 100 o.); 1 von **Eckhard Mestel/Frank Hecker** (S. 100 o. re.); 1 von **MiltonZ/Adobe Stock** (S. 51 o.); 1 von **m_wie_moehre/Pixabay** (S. 42/43); 1 von **Musat/iStock** (S. 45 u.); 1 von **nataba/iStock** (S. 22 li.); 1 von **Nitr/Adobe Stock** (S. 48); 1 von **patxi/Adobe Stock** (S. 60 o.); 1 von **Jon Pauling/Pixabay** (S. 46 o. Mitte); 6 von **Pixabay** (S. 27 u. li., 28 li., 81 Mitte re., 96/2, 107 o., 123 u.); 1 von **Pixamio/Pixabay** (S. 51 u.); 1 von **Pixsas/Pixabay** (S. 61 u.); 1 von **Siegfried Poepperl/Pixabay** (S. 59 o.); 2 von **Torsten Pröhl/fokus-natur.de** (S. 31 u. li., 121 o.); 1 von **Dominik Rheinheimer/Pixabay** (S. 135/1); 1 von **Nicky Rhodes.Photography/Adobe Stock** (S. 2); 1 von **Frauke Riether/Pixabay** (S. 90 u.); 1 von **Aneta Rog/Pixabay** (S. 136/137); 1 von **Dave Russell/Pixabay** (S. 96/1); 1 von **Peter Salinger/Adobe Stock** (S. 35 u.); 44 von **Mathias Schäf** (S. 11/4, 24 o. re., 31 Mitte re., 31 u.re., 41 u. li., 47 o. Mitte li., 47 o. Mitte re., 47 u. Mitte re., 47 u. li., 47 u. re., 66, 69 u., 73 o., 76, 81 u. li., 83, 90, 91 o., 93 Mitte li., 93 Mitte re., 93 u. re., 95 o., 99 Mitte, 103/3, 105 Mitte li., 105 u. re., 106, 107 u., 109/1, 110, 111 o. re., 111 u., 112, 113/1, 113/2, 117 u., 120, 122, 123 o., 123 Mitte, 125/2, 125/3, 135/2); 2 von **Rudolf Schmidt/Frank Hecker** (S. 23 li., 75 u. li.); 1 von **Nailia Schwarz/Adobe Stock** (S. 88 o.); 5 von **sharkolot/Pixabay** (S. 25/2, 95 Mitte, 121 u., 127 Mitte re., 131/3); 1 von **Katja Stickel/Pixabay** (S. 115 u. re.); 3 von **Evgeni Tcherkasski/Pixabay** (S. 4, 56, 133 Mitte); 6 von **Alexey Testov** (S. 5 u.li., 6, 11/1, 11/2, 11/3, Foto Tipp-Kreis); 3 von **TheOtherKev/Pixabay** (S. 17 u. li., 113/3, 124); 1 von **Traveller MG/Shutterstock** (S. 25/1); 1 von **Vlasto Opatovsky/Adobe Stock** (S. 103 o.); 1 von **Wolfgang Vogt/Pixabay** (S. 61 o.); 1 von **Wilfried Wende/Pixabay** (S. 25/3, 46 o. re.); 1 von **Wild Pixar/Pixapay** (S. 70); 1 von **Wirestock/iStock** (S. 117 o.); 4 von **Peter Zeininger** (S. 54 o., 115 Mitte re.,128 o., 133 u.); 1 von **ZenAga/Pixabay** (S. 85 o.); 1 von **zoonar/shutterstock** (S. 116); 1 von **Zwilling330/iStock** (S. 77 re.)

IMPRESSUM

Mit 226 Farbfotos, siehe Bildnachweis auf Seite 141, und einer Grafik auf Seite 27 von **Wolfgang Lang**, unter Verwendung von Vogelillustrationen von **Paschalis Dougalis/Kosmos**

Mit 89 Vogelstimmen von **Jean C. Roché** und 26 Videos von **Philipp Herrmann** auf der KOSMOS-PLUS-App

Umschlag- und Klappengestaltung von **Gramisci Editorial Design (Isabelle Fischer)**, München, unter Verwendung folgender 3 Abbildungen auf der Umschlagvorderseite: Star von **Frank Hecker**, Autorenporträt von **Heiko Fischer**, Wellenlinien von Shutterstock. (v. o. n. u.), 1 Abbildung auf der Umschlagrückseite: Buchfink von **AGAMI/Adobe Stock**. Das Autorenporträt auf der vorderen Innenklappe ist von **Alexey Testov**, die anderen Fotos dort und auf Seite 1 stammen aus dem Innenteil des Buches (siehe Bildnachweis auf Seite 141). Das Foto auf der vorderen Außenklappe ist von **didier aires/Pixabay**, auf der hinteren Außenklappe von **KOSMOS**. Die Fotos auf der hinteren Innenklappe und auf Seite 144 sind von **Alexey Testov** (Autorenporträt), **Frank Hecker** (Hausrotschwanz) und **Peter Zeininger** (Zaunkönig).

Gedruckt auf chlorfrei gebleichtem Papier

MIX
Papier | Fördert gute Waldnutzung
FSC® C110508
FSC www.fsc.org

ISBN: 978-3-440-17666-5
Redaktion: Stefanie Tommes
Gestaltungskonzept: Gramisci Editorial Design, München, angepasst durch Claudia Adam, Bad Kreuznach
Gestaltung und Satz: TEXT & BILD, Michael Grätzbach, Kernen im Remstal
Produktion: Markus Schärtlein
Druck und Bindung: Westermann Druck Zwickau GmbH, Zwickau
Printed in Germany / Imprimé en Allemagne

Frag doch mal den Vogelphilipp …

Hi Philipp, kannst du dich noch an deine erste Zwitscher-Erfahrung erinnern?

Das muss die Amsel im Garten meiner Großeltern in der Vorstadtsiedlung in Planegg gewesen sein. Da war ich als erster Enkel oft in den Ferien – und es gab sehr viele Amseln. Wenn ich Amselgesang höre, erinnere ich mich oft an früher.

Was sind deine ultimativen Tipps zum Start des Vogelstimmenlernens?

Man sollte früh aufstehen (lacht). Und spazierengehen. Einfach versuchen, aus dem Stimmen-Brei etwas rauszuhören. Wenn man mal unterschiedliche Arten hört, geht es ans Hinschauen. Das ist sehr wichtig. Mit dem Fernglas kann man den Vogel genau fokussieren. Und wenn der Vogel dann noch singt, kann man ihn mitsamt seiner Stimme gut abspeichern.

Helfen Apps am Handy dabei?

Ich habe mich dazu lange mit einem Biologie-Didaktiker unterhalten. Man kann sich natürlich Apps aufs Handy laden, die Vogelstimmen bestimmen können, aber man hat kaum einen Lerneffekt dabei. Daher funktionieren die Filme, die ihr euch mit der KOSMOS-PLUS-App ansehen könnt, auch anders. Darin erzähle ich euch, wie man die Vogelstimmen wirklich lernen kann.